精进：成为一个卓越的女人

赵红瑾/编著

天津出版传媒集团
百花文艺出版社 天津科学技术出版社

图书在版编目（CIP）数据

精进：成为一个卓越的女人 / 赵红瑾编著. -- 天津：百花文艺出版社：天津科学技术出版社，2019.3
ISBN 978-7-5306-7675-2

Ⅰ. ①精… Ⅱ. ①赵… Ⅲ. ①女性－成功心理－通俗读物 Ⅳ. ① B848.4-49

中国版本图书馆 CIP 数据核字（2018）第 300201 号

精进：成为一个卓越的女人
JINGJIN：CHENGWEI YIGE ZHUOYUE DE NüREN
赵红瑾　编著

责任编辑： 刘佩莲

出版发行： 天津出版传媒集团
百花文艺出版社　天津科学技术出版社

地址： 天津市和平区西康路 35 号　**邮编：** 300051

电话传真： +86-22-23332651（发行部）
+86-22-23332656（总编部）
+86-22-23332478（邮购部）

主页： http://www.baihuawenyi.com
印刷： 北京市松源印刷有限公司
开本： 880 × 1230 毫米　1/32
字数： 200 千字
印张： 8
版次： 2019 年 3 月第 1 版
印次： 2019 年 3 月第 1 次印刷
定价： 32.00 元

如有质量问题，请与北京市松源印刷有限公司联系调换
地址： 北京市通州区漷县镇大柳树村北
电话：（010）80566092
邮编： 101112

前言

perface

做人需要卓越，做女人更需要卓越。为什么很多女人看起来起点没什么差别，但是若干年后结果却大不相同。有人感慨人生无常，有人感慨环境弄人，也有人归咎于自己的运气不好。其实，这些都不能成为理由，之所以会出现这种情况，大多数还是由于个人追求和努力程度的不同。

女人要想活得精彩卓越，就必须要有自己独特的魅力与资本。魅力决定了女人在公众心目中的形象，是女性在现代生活的各个领域中获得成功的必要前提；擅用女性资本，则能为女人平添一份底气，更加游刃有余地游走于生活的各个领域。女人的魅力与资本并非与生俱来，而是内外兼修的结果。再漂亮的女人，如果缺少了魅力，也就缺失了那最打动人心的灵动与生气。

在今天，资本已不仅仅是金钱或财富的代称，而是涵盖了包括心态、健康、社交、财商等在内的诸多内容，这些正是女性把握成功脉搏的绝对资本。女人生来就有独特的资本，成功的女人懂得如何利用这些资本，最大限度地挖掘和展示自己的潜力，最终成为人生的赢家。

女人一生中最大的遗憾则莫过于没有去发现、发挥和利用自己的资本，最终与精彩的人生擦肩而过。对绝大多数女人而言，她们并非缺少抵达幸福的愿望，而是不懂得怎样去实现。如果女人善于发现、培植和发掘自己的资本，并找到适合自己成长的土壤，那么女人会比男人更容易得到成功的垂青。善于运用女人的资本，才能做生活和事业上的幸福成功者。

很多女人十分注意自己的服饰和化妆，但是很少注意去提高自己的工作能力和事业追求，这不得不说是一个遗憾。要知道，女人的魅力和资本不仅来自于容貌和修饰，更来自于对事业和生活的不放松要求和不断提高。在这样一个追求精进的年代，女人不仅要上得厅堂下得厨房，更要在职场闯出自己的一片天地，才能拥有属于的卓越人生。

想要成为一个卓越的女人，就不能随便放低对自己的要求。不论是工作，还是生活，都要不断精进，才能拥有卓越的人生。

本书作为一本帮助现代女性的自我精进指南，从工作生活的方方面面，都给出了建议和指导，内容包括情绪控制、气质修养、社交生活、终生学习、财商管理等内容。通过阅读本书，你也将逐步完善自己，成为一个卓越女人。

目录

CONTENTS

第八章　所有不俗的爱情，都要用心经营

第一章

成为卓越的女人，性格有魅力

温柔：魅力女人的终极武器

谈起“温柔”，人们总是给它插上自由飞翔的双翅，把它喻为闭月羞花、沉鱼落雁、轻歌曼舞、雅乐华章，还有人把它喻为最纯洁的“水”。水——那一汪汪清冽粼粼、盈盈的水，是那么的明净透彻，多少人为它发出了由衷的感叹，多少人对它表示了惊喜的礼赞——温柔之美啊！美就美在柔情似水。著名学者朱自清在《女人》一文中对女性的温柔做了绝妙的描绘：“我以为艺术的女人第一是她的温醉空气，使人如听着箫管的悠扬，如嗅着玫瑰的芬芳，如躺在天鹅绒的厚毯上。她是如水的蜜，如烟的轻，笼罩着我们。我们怎能不欢喜赞叹呢……”由此可见，女性品格的这种温柔的美，是多么的令人陶醉，多么的令人沉湎，多么的令人神往！

女人最能打动人的就是温柔。当然，这种温柔不是矫揉造作，温柔而不做作的女人，知冷知热、知轻知重。和她在一起，内心的不愉快也会烟消云散，这样的女人是最能令人心动的。

一个女人站在你面前，说上几句话，甚至不用说话，你就能感觉出这个女人是不是温柔。这种女人味与年龄无关，甚至与外表也没有特别大的关系。

“现在的女孩子都一副咄咄逼人的样子，一点儿也不温柔！”经常可以听到一些男士对现代女性发出类似的怨言。的确，与过去的女性相比，有些现代女性很少有温柔体贴、小鸟依人的时候了。取而代之的，是作风像男性、满不在乎的所谓“新潮女性”。对于男士的“悲叹”，现代女性可能会柳眉倒竖、杏眼圆睁、气势汹汹地反驳：“时代不同了，现在我们可是和男人‘平起平坐’的。你大学毕业，我还念过研究生呢；你月收入3千，我还年薪5万呢！我干吗对你百依百顺，做出一副可怜兮兮的‘柔弱’状？”

这些话虽然言之有理，但是不论中外，雄性都是代表阳刚，雌性则代表阴柔，有学问、有能力的女性固然令男士倾慕，但也不应该因此而失去女性特有的温柔。

所谓女人味，是指含蓄、优雅、贤淑、柔静的女人的味道，也是一种令男性不可抗拒的力量。尤其是处于保守的东方社会，男人所期望的仍然是富有母爱温柔的女性，如果女性的行为太开放，言语太大胆，只会令男士们望而却步。

在生活中，男性的严肃常常显示出一种深沉、成熟、沧桑、刚毅之美，而女性的严肃则更多地给人以冷漠、严厉的感觉，甚至会得到“不像个女人”的评价。观察你身边的女人，你会发现：讨人喜欢、人缘好的往往不是那些“冷面美人”“病态西施”，而是那些随和、温柔的女性。即使她的五官不精致，身材欠婀娜，但她洋溢着善良与富有爱心的神情气质，却能给人一种精神上的美感和情感上的抚慰。因为人是有思想的，需

◇ 在生活中体现你的温柔 ◇

作为一个现代女性，不仅要保留自己独立的个性，也要保留那传统的温柔之美，这会让你受益无穷，也是你一生的魅力所在。

1. 富有同情心

这是女性的温柔在为人处世方面的集中表现。对于老、弱、病、残、幼及境遇不佳者，女性都应表现出应有的同情。

2. 温馨细致

让人心动的不只是一个女人做出了多么惊人的业绩，更多的情况下，是女人那种适时适地的细心关怀和体贴，最能叫人怦然心动。

要的是鲜活生动的、感情上的相互交融与关爱。对于女性，人们期待的更多的是一种蕴含着母爱的美，这是一种崇高的美。这种美能够弥补先天的缺憾，使年轻的女性可爱、年老的女性伟大。

温柔是女人的终极武器，哪个男人不愿意被这样的武器击倒？温柔有一种绵绵的诗意，它缓缓地、轻轻地蔓延开来，飘到你的身旁，扩展、弥散，将你围拢、包裹、熏醉，让你感受到一种轻松、一种美。

温柔是女性独有的特点，也是女性的宝贵财富。如果你希望自己更完美、更妩媚、更有魅力，你就应当保持或挖掘自己身上作为女性所特有的温柔性情。

那么，在日常生活中，女性怎样才能让自己更温柔更有魅力呢？你可以从以下 4 个方面来培养并释放自己的柔性魅力。

1. 通情达理

这是女性温柔的最好表现。温柔的女性对人一般都很宽容，她们为人谦让，对人体贴，凡事喜欢替别人着想，绝不会让别人难堪。

2. 善良

就是要有爱心，对人对事都抱着美好的愿望，乐于关心和帮助别人。对家人，尤其是子女要表现出更多的关爱。

3. 性格柔和

温柔的女人绝对不会一遇到不顺的事就暴跳如雷或火冒三

丈。以柔克刚，这是温柔女人的最高境界。

4. 不软弱

温柔绝不等于软弱。温柔是一种美德，是内心世界力量和充实的表现，而软弱则是要克服的缺点，二者不可混淆。

总之，温柔可以体现在各个方面，在聪明女人的生活领域，处处都能体现出温柔的特征。而且值得回味的是，女性的温柔不但能够超越国家的界限，把它的芳香传遍世界各地，而且还可以突破时间年龄的约束，永远贯穿于每个女性的一生。

女性正是依着自己那千种风情、万般妖娆的温柔性格，才给男士开辟了一个可以置身于其中的温馨世界，从而达到了爱情生活的美好和谐；才给男士创造了一个可以感受其内在的审美对象，女性从而在同阳刚之美的对立统一中看到了自身存在的价值，使自身的美感境界得以自由伸展和全面升华。

快乐：让女人更有魅力

快乐是一种在积极的心态下努力去获取的过程。它并不是封闭式的自我陶醉，而是指一种可以轻松自然地体会自我、驾驭生活的心情。

快乐是一种态度——它不属于富人，也不属于穷人，它属于寻找快乐的人。

美在快乐的心态

一个人有没有美丽的容貌并不是很重要的，关键是自己的心态是否良好。如果自己整天愁眉苦脸的，那么再美丽的容貌也可能让人敬而远之；反过来说，虽然一个人的容貌并不美丽，但是拥有快乐的心态、善良和宽容的心灵，为人处世非常得体，那么在人们的眼里，也是十分美丽和可爱的。外表的美丽只是一个方面，内心的美丽才更为重要。快乐是幸福的源泉，快乐是自己心灵的一种满足程度。景物总是难以变化的，变的多是自己的心情。假如自己感觉快乐，那么整个世界也是美好的；假如自己感觉痛苦，那么整个世界也是丑陋的。

快乐的女人才有永恒的魅力

做一个快乐的女人，别人就会强烈地感受到你的魅力。

快乐的花朵会点缀你的整个人生，快乐是紧紧地抓住现在，让昨天所有的阴霾烟消云散，只留下理性的经验教训做今天快乐的基石；把明天的杞人之忧挡在门外，只让幸福的憧憬走进落地之窗，让自己尽情享受当下的人生！

快乐是自我的肯定，是在自我中发现种种可爱之处，对着镜子欣赏自己的美丽。快乐的女人要让自己的每一个早晨都滚动着露珠，每一个日子都有新鲜的花朵！

快乐来源于头脑的清醒。让身体、家庭、事业统统隶属于你的灵魂，你就是统管这一切的至高无上的尊贵女皇，它们从各个层次、各个方面构成了你那丰富多彩的女性世界。你支配它们、调度它们，让它们齐心协力为你弹奏出一曲优雅、华美、深厚的生命乐章。

你打扮自己，又善于保持个性风采；挚爱丈夫和孩子，但正如你不可能成为他们的一切一样，他们谁也不该独霸你的情感天地；认真读书却不痴迷，工作成为一种生命的享受时，才有不可遏制的吸引力与创造力。

快乐其实就在充实而朴素的生活中：它躲在厨房装满油盐酱醋茶的瓶瓶罐罐中，它藏进塞满了碎布头、毛线卷的抽屉里，它钻入你读了一半的书页内，爬进你正在撰写的论文里，它隐身于与丈夫、儿女的谈笑间。在温馨的灯光下，安静的课堂上，熙熙攘攘的菜市场，琳琅满目的百货店、炉火旁、水池边、花丛中、草叶间，它悄悄地、静静地望着你。

快乐就在我们每个人的身边，抓住快乐，拥抱快乐，你就是一个快乐的女人！

做个快乐的女人

快乐，是幸福生活海洋里激起的美丽浪花，是人生乐曲中振奋人心的音符，是一种积极向上的人生态度。快乐的春天纯洁无瑕，快乐的夏天绚丽多彩，快乐的秋天金光闪烁，快乐的冬天自然宁静。

由于年龄、阅历的不同，每个人对快乐的感觉是不一样的。

老年人的快乐似一坛酱香浓郁的好酒，中年人的快乐似一缕和煦的春风，小孩子的快乐似五彩缤纷的气球，而少男少女的快乐则似跳跃着的音符。

那么女人呢？其实，女人的快乐最简单，似一片白云那么纯洁，似一杯清茶那么清香，似一点星光那么宁静，似一抹朝霞那么绚烂。

女人的快乐从何而来？那就更简单了。温馨的家庭使女人快乐，富有挑战性的工作使女人快乐，在自己愿意做的事情中感受快乐，在对人生的感悟中体味快乐。

然而，在生活里，有许多东西是人无法改变的；或者说，与其改变生活里别的东西，不如改变自己。事实证明，名利思想过重的人，容易患病、衰老和早亡，这类人整日心事重重、愁眉苦脸，几乎没有笑容。名与利本身不是坏事，它可以促使人奋发向上，问题在于以哪种思想指导名利观。当你从事一项工作或研究获得成功时，首先想到名和利，可是愿望得不到满足时，你的心理就会失去平衡，产生消极、悲观、愤怒的情绪。

快乐好比一杯红酒，女人完全可以按照自己的口味亲自调制。

下面是几种调制快乐的方法。

1. 不贪图安逸

快乐的人总是离开让自己感到安逸的生活环境。快乐有时

◇ 让自己快乐起来 ◇

快乐是一种积极的心态，一个女人若能从日常平凡的生活中寻找和发现快乐，就一定比别人幸福。

1. 感受爱情

恋爱中的女人是快乐的，事实上，不只是恋爱中，拥有爱情的女人都是快乐的。

2. 感受友情

一个人如果没有友谊，就会感到孤独寂寞，不可能有更多的欢乐。因此，人需要朋友。

3. 树立生活的目标

快乐幸福的人总是不断地为自己树立一些目标。通常人们会重视短期目标而轻视长期目标，而长期目标的实现更能给人们带来幸福的感受。

是人离开了安逸的生活才会积累出的感觉，从来不求改变的人自然缺乏丰富的生活经验，也就难以感受到快乐。

2. 不抱怨生活

快乐的人并不比其他人拥有更多的快乐，只是因为他们对待生活和困难的态度不同，他们从不问“为什么”，而是问“为的是什么”，他们不会在“生活为什么对我如此不公平”的问题上做长时间的纠缠，而是努力去想解决问题的方法。

3. 降低负面影响

少接收一些有关伤感、悲伤、恐惧等负面的消息，这样无形中就保持了对世界的一份美好乐观的态度。

4. 给自己动力

通常人们只有通过快乐和有趣的事情才能够拥有轻松的心情，但是积极乐观的人能从恐惧和愤怒中获得动力，他们不会因困难而感到沮丧。

5. 心怀感激

人的生存不是孤立的，而是相互依赖的。在生活中，每个人的思想、性格、品质不尽相同，所表现的言行也不一样。抱怨的人把精力全集中在对生活的不满上，而快乐的人把注意力集中在能令他们开心的事情上，所以，他们更多地感受到生命中美好的一面，因为对生活的这份感激，所以他们才感到幸福和快乐。

自信：女人魅力一生的资本

有内涵的人自然有一种气质，这种气质就来源于自信。

自信的女人，总是精神焕发、昂首挺胸、神采奕奕、信心十足地投入到生活和工作当中去。

自信的女人不惧怕失败，她们用积极的心态面对现实生活中的不幸和挫折，她们用微笑面对扑面而来的冷嘲热讽，她们用实际行动维护自己的尊严。这一切都淋漓尽致地表现出自信者的气质，一种坦诚、坚定而执着的向上精神。

自信的女人，不会整天张狂霸气，高呼女权至上。超越男人的方法，不是把他们的主导权他们，而是活得跟他们一样舒展、自信；也不是整天向男人发出战书，和谐、平等和互助的两性关系，才是社会进步的动力。

美貌可使女人骄傲一时，自信却可使女人魅力一生。

或许你没有超群的外貌，但是你不能没有自信。自信使人产生魅力，自信使人变得美丽。

一个有魅力的女人，无论她走到哪里，都会成为男人注目的焦点，女性羡慕或嫉妒的对象。有些女人认为魅力是天生的，与己无缘，因为自己长得不漂亮，不苗条，又没有高档的服饰包装，一辈子也别奢望拥有它。其实，每个女性都有属于自己的那一份魅力，只是因为你太自卑，太缺乏自信，以致使你的优点、长处、潜在之美得不到挖掘和展示罢了。

也许你确实相貌平平，甚至有点儿丑、有缺陷，其实世间又有多少女人称得上“天生丽质”呢？常言道：“金无足赤，人无完人。”容貌、体态、化妆、服饰，并非女性魅力的全部，也并非女性魅力的决定因素。气质、智慧、才华、技能等内在之美，更能使女人具有永久的魅力。能写一手好字、说一口流利的英语、电脑操作技术娴熟，等等，由之而产生的巨大魅力，也常常会倾倒众人。

即使你的容貌远远达不到所谓的“佳人”，才华也远远达不到所谓的“才女”，只要你努力做到自信、自爱、自强，也仍然可以寻求到那一份属于你的魅力。赵传的一曲《我很丑，可是我很温柔》，唱出了多少人的心声。因为温柔、细腻、大方、善良、宽容，以及待人彬彬有礼、通情达理，以真诚和友善对待周围的人，用爱心和热心帮助不幸的人，以坚强迎接生活中经受磨难的人，为人落落大方，适时地自然微笑的女人，都具有无穷的魅力，且给人的印象更深刻、更美好。

值得一提的是，充满自信的女人，如能于闲暇之际积极投身于体育锻炼，练出一副洋溢着青春活力的健美体魄，岂不更具有女性魅力？

即使你是一个非常平凡的女人，只要你对生活充满信心，在人生的舞台上，定能焕发出你那一份女性的魅力光彩。

人生需要自信，不同的选择就代表了不同的未来。

那么，女人要如何才能培养自信心呢？

1. 挑前面的位子坐

在教学或各种聚会或者是会议室的会议中，后排的座位总是先被坐满。为什么呢？因为大部分占据后排座的人，都希望自己不会“太显眼”，而他们怕受人注目的原因就是缺乏信心。

坐在前面能建立信心。不妨把它当作一个规则试试看，从现在开始就尽量往前坐。当然，坐前面会比较显眼，但要记住：有关成功的一切都是显眼的。

2. 练习正视别人

眼睛是心灵的窗户，一个人的眼神可以透露出许多有关她的信息。要想让你的眼睛为你工作，你就要用你的眼神正视别人，这不但能给你信心，而且能为你赢得别人的信任。

3. 练习当众发言

语言能力是提高自信心的强化剂。一个人如果能把自己的想法或愿望清晰明白地表达出来，那么她内心一定具有明确的目标和坚定的信心。同时她充满信心的话语也会感染对方，吸引对方的注意。

4. 怯场时，不妨说出实情

当你怯场时，不妨把内心的变化毫不隐瞒地用言语表达出来。这样一来，不但可将内心的紧张驱除殆尽，而且也能使心情得到意外的平静，这就是坦白的效果。

5. 使用肯定的语气

不同的语言可将同一件事实形容成有如天壤之别的结果，

◇ 建立自信的方法 ◇

自信心往往可以产生想象不到的力量，当一个女人拥有了自信，她就会发出不同一般的光彩。

1. 多说激励自己的语言

语言的作用有时会超乎自己的想象，多用具有激励作用的语言，会增强自己的信心。

2. 多与自信的人交往

正所谓“近朱者赤”，情绪也是会传染的。

这两个方法任何女人都可以做得到，不要小看这些小的技巧，只要勤加练习，对我们建立自信是有大功效的。

而且也给人以不同的心理感受。肯定的语气能让人心情愉快，而否定的语气则会让人产生自卑感，损害一个人的心理健康。

语气、措辞是无法比拟的魔术师。在任何情况之下，只要经常使用肯定的措辞或叙述法，就可以将一件事完全改观，使人驱除自卑感，从而享受愉快的生活。

6. 自信会培养自信

一个人如果缺乏自信时一直做些没有自信的举动，就会越来越没有自信。

所以缺乏自信时更应该做些充满自信的举动。缺乏自信时，与其对自己说没有自信，不如告诉自己是很有自信的。为了克服消极、否定的态度，我们应该试着采取积极、肯定的态度。如果自认为不行，身边的事也抛下不管，情况就会渐渐变得如自己所想的一样。自信会培养自信。一次小成就会为我们带来自信；如果一下就想做伟大、不平凡的事而不能顺利实现，就会越来越没有自信。

7. 做自己能做的事

做自己做得到的事时，个性就会显现出来。心智发育成熟的人，会向往自己能够做到的事，不成熟的人往往会不断采取以自我为中心的态度，从而迷失了自己，最终一事无成。所以，我们要知道应该做的事，然后加以施行，一步一步地达到目标，这样会使人产生信心，从而带给人实现最终目标的动力。总之，要试着记下马上可以做的事，然后加以实践，没有必要非是伟大、不平凡的行动，只要是自己力所能及的事就足够了。

幽默：魅力女人精神品位的最好表现

杨澜在主持《正大综艺》节目时，语言风趣幽默，很受观众好评。有一次，她的一位搭档夸张地说：“只要提到位于北极圈的加拿大，身上就会冷得直打哆嗦。”杨澜接过话头，更加具体、形象地说：“我也听说，有两位加拿大人在室外说话，因为那里天气冷得出奇，话一出口就冻成冰碴儿了，所以很快用手接住，进屋用火烤了才听见说了些什么……”杨澜的幽默说笑，使演播厅的气氛更加轻松、活跃，电视机前的观众听了也禁不住捧腹大笑。可见，这种幽默的谈吐是杨澜知识丰富、才思敏捷的直接表现。

当才女林徽因放弃徐志摩，跟梁思成结婚之后，梁思成问林徽因：“你为什么选择了我？”

林徽因笑笑，淡淡地说了一句话：“看样子，我要用一生来回答你的这个问题。”

这一句话里，包含了多少人生的“不能承受之重”啊！让人们再三咀嚼之余，不由得深深感慨于林徽因的才智与幽默，更欣羡于梁思成后半生的幸福与快乐！

显然，这样的女人才是真女人，才是让人动心、怜爱、喜欢的女人，才会真正得到丈夫的宠爱、朋友的喜欢、同事的亲近……

善于创造幽默的女人，不仅可以让自己如鱼得水，更能笑对人生、豁达处世。

幽默的女人是智慧的，因为幽默必须具备一定的文化底蕴，没有文化的人是学不会幽默的。但文化虽高，没有灵气也是不行，所以，但凡幽默的女人总是兼具才气与灵气。

幽默的女人是自信的，因为幽默有时就是一种自嘲。一个姿色平平的女子若是能将自己的外表当作玩笑，那么，可以肯定她并不以此为卑，而且，她的身上肯定还有更多让她引以为傲之处。

幽默的女人是乐观的，因为幽默的机智反应并非只是能言善道，它也是一种快乐、成熟的达观态度。当她身处困境之时，并不会因此沉沦丧志，而总能开朗豁达、从容不迫。

幽默的女人是真实的，欲求幽默，必先有淡然的心境，不为浮名，不忸怩作态，不博庸人之欢心，举止言谈之间尽显超脱淡然的率真性情。

幽默的女人是可爱的，她总是能适时地在一汪清水之中激起点点涟漪，为平日里琐碎的生活增添几分韵味与情趣。

一个幽默的女人，肯定是一个热爱生活的女人，有着淡淡的从容和优雅，会用带笑的心去体会生活、感受生活，去化解生活中的一切问题。

不懂幽默的女人，就像绿叶中缺少红花一样没有情致。

所以，要想成为具有魅力的女人，就要注意培养自己的幽默感，掌握幽默语言的艺术。

（1）注意丰富自己的幽默资料。看得多了，听得多了，自

◇ 幽默在人际交往中的作用 ◇

幽默是人的思想、常识、智慧和灵感的结晶，幽默风趣的语言是人的内在气质在语言运用中的外化，在人际交往中有很重要的作用。

1. 幽默能激起听众的愉悦感，使人轻松、愉快、爽心、舒服。这样可活跃气氛，沟通双方感情，在笑声中拉近双方的距离。

2. 幽默风趣还可使矛盾双方从尴尬的困境中解脱出来，打破僵局，使剑拔弩张的紧张气氛得以缓和。

幽默是通过可笑的形式表现真理、智慧，于无足轻重之中显现出深刻的意义，在笑声中给人以启迪，产生意味深长的美感趣味。因此，聪明的女人总是喜欢幽默的生活。

己的幽默资料就多了，运用幽默语言的能力自然会得到提高。有道是："熟读唐诗三百首，不会写诗也会吟。"说的就是这个道理。

（2）注意从别人的幽默语言中体会幽默的要领。仅仅是从抽象的概念中学习幽默的要领，往往是不深刻的，只有结合大量的幽默语言实例进行深入的体验，才能深刻理解幽默的要领，使自己对幽默语言运用自如。

（3）注意从别人的大量幽默语言实例中启发思路。运用幽默语言，要有独特的思维方式，要有借题发挥、创造幽默语境的思路，而且要求反应敏捷、思路清晰，这些从幽默语言实例中都能体验到。

（4）注意从别人的幽默语言实例中学习幽默语言的方式。幽默语言是表达思想的一种特别的语言方式，这也需要从大量的幽默语言实例中去学习、体会和掌握。

（5）多找机会应用。实践出真知，幽默语言的修养也是这样。从书上学来的幽默语言知识，只有经过自己在实践中练习和运用，才能变成自己的东西。而且，在实践中练习和运用幽默语言，也能加深对幽默的理解。丰富幽默知识，这本身也是一种学习，是书本学习的继续和深化。通过多练习、多运用，才能有效提高使用幽默语言的水平。

（6）幽默只是手段，并不是目的。不能为幽默而幽默，一定要根据具体的语境，选用恰当的幽默话语。另外，人的才能不一样，有的会幽默，有的不会幽默，不会幽默的，则不必强求，若故作幽默，反而会弄巧成拙。

宽容：女人最有魅力的财富

大海因为能够容纳百川，所以可以成为浩瀚的海洋。莎士比亚忠告人们说："不要因为你的敌人而燃起一把怒火，灼热得烧伤你自己。"富兰克林说："对于所受的伤害，宽容比复仇更高尚。因为宽容所产生的心理震动，比责备所产生的心理震动要强大得多。"如果自己能够宽容别人，不但自己能够及时释放心理垃圾，而且别人也能够因此而宽容自己，同时与自己友好相处。假如别人伤害了自己，千万不要怨恨，要学会宽容，并避免被别人再次伤害。心胸太狭窄绝对是一件坏事。报复心太强烈，最终只能害自己。宽容别人不仅是一种美德，更是让人健康长寿的秘诀。愤怒是毒药，宽容是良药。

所以，女人应该学会宽容。

宽容是一种非凡的气度、宽广的胸怀，是对人对事的包容和接纳。女性的宽容更是一种高贵的品质、崇高的境界，是精神的成熟、心灵的丰盈。宽容是一种仁爱的光芒、无上的福分，是对别人的释怀，也是对自己的善待。宽容是一种生存的智慧、生活的艺术，是了解了社会人生以后所获得的那份从容、自信和超然。

学会宽容能使自己保持一种恬淡、安静的心态，去做自己应该做的事情。整日为一些闲言碎语、磕磕碰碰的事情郁闷、恼火、生气，总去找人诉说，与对方辩解，甚至总想变本加厉地去报复，这将会耽误自己的事业，失去更多美好的东西。女人要成为生活的强者，就应豁达大度、笑对人生。有时一个微笑，一句幽默，也许就能化解人与人之间的怨恨和矛盾，填平感情的沟壑。

宽容是一个女人成熟的标志。宽容的人常常表现出勇于承担责任的作风，如果肯检验一下自己，就可以从失败和差错中找到自己所应负的责任。当一个人心平气和的时候，才可能保持清醒的头脑，找出失败的原因，采取克服困难的有效措施，以便更加努力地工作。

宽容，首先表现在处世上不愤世嫉俗、不感情用事。

生活中，确实存在很多矛盾和困难：物价上涨、住房拥挤、人际关系紧张，还有这个“难”那个“难”，真让人有点儿喘不过气来。谩骂、生闷气都无济于事，倒给疲惫的身躯又增加了几分新的负担。只要冷静观察，就会发现人们的生活本来就是苦、辣、酸、甜、咸五味俱全。在生活中，看不惯的有很多，理解不了的有很多，让人失望的也有很多。但人的能力毕竟是有限的，愤世嫉俗不会改变事态，不会使关系缓和。所以，首先应当面对现实，在适应中发现“破绽”，掌握改造的契机和应知应会的本领，而不是游离其外去指手画脚。这也是一种宽

◇ 保持宽容之心 ◇

很多时候，想要做到宽容，却并非易事，那么，该如何让自己拥有一颗宽容的心呢?

要做到理解别人

这样你就不会感到失望。要时不时地对自己的要求进行一下判断性的检查，看看是否恰当。

不要等别人来道歉

我们往往都认为自己是十分正确的，而过错都在他人身上。这种心态显然无助于人际交往。

同情对方

这样有助于你理解对方所持的那些观点。命令自己停止那些无休止的烦恼和抱怨。

容的表现，人要顺利走完生命的旅程，就离不开宽容。

其次，宽容体现在对别人的不苛求，“但能容人且容人”。每个人都有自己的思维、工作、学习、生活习惯，既有其长处，也有其短处。在社会生活中，人们总要同各种各样的人打交道。所以，为了生存和发展，为了事业的成功，我们必须习惯于人际交往，善于同各种各样的人，特别是同能力、天赋等各方面不及自己或脾气秉性与自己不同的人友好相处、协调共事。就是对于有各种各样的缺点和毛病的人，我们也应注意发现其所长，尊重其所长。

如果你只注意到别人的缺点，就容易使自己陷入孤立无援的境地。相反，换个角度，多注意别人的优点，用理解、同情和爱心去影响别人，使他既能认识自己的缺点，又能心悦诚服地改正，你就会处处碰到信赖和爱戴自己的朋友和下属，你的人际关系也会因此得到很好的发展。

给人面子，既无损自己的体面，又能使人产生感激和敬重之情。

不计较小事，不苛求别人，会为你赢得更多的时间和精力。

胸襟广阔，能容人容物是现代女性追求的境界，因为大度和宽容能给你带来很多惊喜。

当然，宽容不是无条件的，要因人、因事、因时、因地而异，所谓“大事讲原则，小事讲风格”，即是应取的态度。

处处宽容别人，绝不是代表软弱，绝不是面对现实的无可奈何。在短暂的生命历程中，学会宽容，意味着你的心情更加快乐，宽容可谓是女人一生中最有魅力的财富。

克制猜疑，收获爱与信任

某女原本很幸福，她的丈夫很爱她，并且对她百依百顺，可她却总怀疑自己的幸福会在某一天被别的女人偷去，所以整天提心吊胆，几乎品味不出幸福的滋味来。

于是，她对丈夫有了防范之心：见到丈夫外套上有根长头发，就大吵大闹，非说他与别的女人一起出去过。在丈夫身上找不到长头发，她还会大吵大闹，说他又围着秃头女人转。

某天，接到丈夫要“加班”的电话，她的脑子“倏”地一下就大了。加班？这在男人的字典上不就是外遇的代名词吗！她决定采取行动自救——去给加班的丈夫送“温暖”。

晚上 10 点多，她来到丈夫单位楼下。见整幢办公楼灯火通明，她愣了一下，然后决定先给丈夫打个电话。“电话关机！鬼才会相信没事。”她愤愤地奔上楼去。

结果不言自明。如此猜疑，一次，男人会觉得她很爱自己；两次，男人会认为她离不开自己；三次，男人虽然很烦，也会一笑了之；四次、五次……人的忍耐是有限度的，到忍无可忍之时，势必不会再忍，只好拂袖而去。

此女的行为在女人中是很常见的，因为女人天生情感细腻，容易神经过敏、容易多心，爱猜疑。

猜疑是女人特有的人性弱点。好事为什么总落在对桌的同事头上？她跟领导一定有什么关系；领导看我的眼神怎么总有点儿不对劲？一定对我有什么想法；那家伙最近怎么不太热情了？肯定怀疑我做了什么对不起她的事；那家人是不是在指桑骂槐？骂自己儿子怎么能用那样的话；男友对我是真心的吗？怎么那么不舍得为我花钱；他说“只爱我一个”是真的吗？他之前的女友不定有多少呢，5个，8个，说不定更多；这男人值得托付终身吗？我跟他能白头偕老吗？老公的同事说我“贤妻良母”“特有气质”，不是在讽刺我，说我不漂亮吧……从工作到生活，从恋爱到婚姻，爱猜疑的女人的心就没踏实过。尤其是结婚后，那颗心更是在半空悬着，无时无刻不在担心丈夫有外遇。

女人生来就一颗玲珑心，但为什么有些事就想不明白，非要给自己套上无形的精神枷锁，让自己痛苦地挣扎在猜疑中不能自拔呢？

因为猜疑的女人从来不觉得自己的猜疑是错的。女人猜疑的依据在外人看来是不可思议的，但在她们内心却认为是不容置疑的。当猜疑的念头控制她的时候，任何理性的解释都是苍白无力的。在她眼里，假想的东西就是现实真理，她甚至能罗列出无数的证据支持自己的判断，就如“疑邻窃斧”者。在确定老公没有背叛自己前，疑心女人观老公之言谈举止、神色仪态无一不是有外遇的样子。

当然，女人的猜疑也并不总是空穴来风的。女人天生第六感发达，凭借细枝末节往往就能判断出事情的本质，这也是很让男人苦恼的地方——男人说谎总能被女人拆穿。

这样的先天优势女人当然应该好好利用，这对于经营婚姻、感情、友谊甚至事业都是大有裨益的。但是，如果无端地过分猜疑，就害人害己了。

尽管很多时候女人的猜疑只是求证的过程，但这样的过程却往往会误解别人、被人误解，直至失去别人的信任，将自己置于难堪的境地。有道是“疑心生暗鬼”，猜疑能败家败事。又如培根所说：“猜疑之心有如蝙蝠，它总是在黄昏时起飞，这种心理使人精神迷惘，疏远朋友，而且扰乱事务，使之不能顺利。”

如果“天下本无事”，女人就不要凭自己所谓的聪明“庸人自扰之”了，女人因为猜疑而毁掉幸福的事可是举不胜举的。

第二章

美丽可以改变，气质可以修炼

让自己成为魅力女人

想找一个好老公的女人比比皆是，可是如愿以偿的女人却很少,为什么呢？因为只有少数女人懂得修炼自己的女性魅力，让自己成为一个魅力女人。

所谓郎才女貌，这话说得没错，男人常常会在美丽的姑娘面前伫立注目。但是，当男人发现一个拥有美丽外表的女人竟然没有什么内涵时，他会毫不迟疑地离她而去。为什么会这样呢？因为缺乏魅力的美貌很快就会让人厌倦。

由此可见，魅力是一种力量。拥有了魅力便拥有了影响力、吸引力，甚至拥有驱动和驾驭他人的力量，拥有了对未来生命的掌控力量。一个有追求的女人对魅力是不应该淡漠和忽视的，因为魅力可以放大女人的生命，可以在无形中提高女人的吸引力。美丽的女人未必就是有魅力的女人，而一个优雅而有魅力的女人也并不一定有着多么出色的容貌，但是，无论她出现在哪里，都能让人感觉到她那光彩照人的“美丽”。其实，这就是魅力，它犹如一个人内在的品格，如影相随、含而不露，这才是真正的美丽。这样的女人就是女人见了都会喜欢，更何况男人呢？

也许你会说，有钱的男人都是很俗的，跟了这样的男人，谁能担保婚后的生活就一定幸福呢？但是，事实确实如此吗？

现在的成功男士大多数都是以头脑和智慧创造财富的。他们大都有着较高的学历，很多人还有国外留学的经历；他们不是自己创业当老板，就是高级的职业经理人，集修养、才能、品位于一身；他们追求高质量的生活，当然不会视婚姻为儿戏。

另外，这样的男人更看重女人的魅力。外貌只是女人魅力的一部分，除此之外，女人还有许多别的东西可以使她具有魅力，比如女人的言谈举止、对待生活的态度、处理一些问题的方法、性情爱好等，所有的这一切都将在男人的心中留下很深的印记。女人的魅力是一种自然神韵的流露，买不到，装不出，自然也无法模仿。

也许你生下来就是一个相貌平平的女人，长得不漂亮，但拥有魅力的女人比那些只有美丽外表而没有魅力的女人更有吸引力。美貌是上天给的，我们没有办法选择，但是魅力却可以通过后天的修炼获取。因为魅力不像美丽一样是天生的，只要你努力地去追求，你就会成为一个魅力女人。

魅力是不会丢弃任何人的，只要你不丢弃它。你想拥有魅

◇ 魅力女人的三大特征 ◇

聪明博学

“女子无才便是德”的时代已经过去了，有才学的女子冰雪聪明，令人折服。她的言谈举止绝不会令人感到厌烦乏味。

**修饰得当
有独特的品位**

她虽然没有漂亮的脸蛋，但看上去赏心悦目；她不盲从潮流，却能独具匠心地穿出自己的风格。

**言语风趣
收放自如**

她很懂得语言的艺术，能够轻松地化解无聊的玩笑，也能适时地摆脱尴尬的场面。

总之，魅力女人并不是只有漂亮的外表，要知道，一个既有美貌又有魅力的女人会令男人一见倾心，再见倾情。

力吗？很多女人都会毫不迟疑地说：“想。”但是要想获得魅力、拥有魅力，并不是一个“想”字就能解决问题的，它是一个需要女人用一生的时光来完成的艰难工程。凡是那些特别富有魅力的女性，一定为魅力付出了超常的努力。如果你真的想拥有魅力，那么你就要为之付出努力，努力地去修炼自己独特的魅力。

魅力是女人内在品质的表现，不同的女人有着不同的魅力。一个健康、充满青春活力、热情活泼、爽朗大方的女人是具有魅力的女人，一个关心别人、富有同情心、有上进心的女人是具有魅力的女人……不管你是什么性格的女人，魅力都可以让你更加美丽。

对于一个女人来说，容貌是与生俱来的，但是魅力却完全可以通过自己的努力获得。只要你能够天天锻炼并不断学习提升，你的魅力就能不断提升。渴望成功的女人，大多懂得为获得学历、知识、技能等付出足够的努力，同样，如果你渴望成为魅力女人，你也需要付出足够的努力。

气质是女人美的极致

女人的美丽，已经被人们无数次地讴歌和赞美，文人骚客为此穷尽了天下的华章。其实，在美丽面前，诗歌、辞章、音乐都是无力的。无论多么优秀的诗人和歌者，最后都会发出奈美若何的叹息！美丽的女人人见人爱，但真正令人心仪的永恒美丽，往往是具有磁石般魅力的女人。那么，什么样的女人才具有魅力呢？三个字：气质美。

气质是女人征服世界的利器，就如同一座山有了水就立刻显现出灵气一样。一个女人只要有了气质，就会立刻神采飞扬、明眸顾盼、楚楚动人起来。

著名化妆品牌羽西的创始人靳羽西说过："气质与修养不是名人的专利，它是属于每一个人的。气质与修养也不是和金钱权势联系在一起，无论你是何种职业、任何年龄，哪怕你是这个社会中最普通的一员，你也可以有你独特的气质与修养。"

那么，现代的女性应具备哪些气质呢？

1. 人格之美

女性气质的魅力是从人格深层散发出来的美，自尊、自爱、端庄、贤淑、善解人意、富于同情心等都是美好的人格特征。相反，轻浮、自私、叽叽喳喳和小肚鸡肠的女人，即使容貌长得再漂亮、惹人喜爱，也只是过眼云烟。

2. 温柔的力量

说到温柔，人们自然会想到圣母玛丽亚，想起在极其柔和的背景中圣母玛丽亚温柔而圣洁的微笑。这微笑向人们展示了她的善良、无邪、温柔和博爱，她巨大的艺术魅力亘古不衰。男人们最喜欢的大概不是女人的外貌，而是女人的阴柔之美。

3. 腹有诗书气自华

读书和思考可以增加一个人的魅力。知识和修养可以令人

◇ 女人的气质 ◇

对于女性而言，气质主要包括以下三个方面：

1. 良好的形象

包括仪容、仪表和姿态。

2. 好修养

包括品德修养和文化修养。

3. 好心态

是女性在感情、事业生活中如鱼得水的保证，也是增添自身魅力的重要法宝。

耳聪目明，也会给一个女人增添不凡的气质。学识和智慧是气质美的一根支柱，有了这根支柱，完全可以弥补容貌上的欠缺。

4. 可贵的坚韧

柔的温情并不是主张女孩子一味地顺从、依赖、撒娇，女性也要有个性、有主见、有行为的自由。这种独立性是一种情感中的柔韧和追求中的坚定，是一种意志上的自持和克制力，是一种既不流于世俗又深深地蕴含着理性的行为。那些见异思迁、毫无主张，遇到挫折便哭哭啼啼的女孩，即使长得再漂亮也不会有人喜欢。相反，对美的事物毫不动摇，坚持不懈追求的精神，完全可以使丑姑娘变得美丽。

在现实生活当中，几乎所有的男人和女人都喜欢与这样的女人相处，因为这种女人使你既有眼球上的好感，还有一种吸引人的特别力量，能不断地感染你，使你羡慕，让你追随。

气质是一种灵性，一个女性如果只靠化妆品来维持美貌，生命必定是苍白的。

气质是一种智慧，一点点地雕琢着一个人，塑造着一个人，一个不经意的动作，就能吸引所有人的目光。

气质是一种个性，蕴藏在差异之中，只有不断创新，才能拥有与众不同的韵味，成为一个让人一见难忘的人。

气质是一种修养，在城市流动的喧嚣中，洗练一种超凡脱俗的“宁”与“静”，面对人间沧桑，才会嫣然一笑。

对女人而言，气质是一种永恒的诱惑，因为气质不是仅靠外貌就能获得，而且还要拥有丰富的智慧与常识，拥有傲人的气度与素质。

在生活水平日益提高的今天，用来美化包装女人的手段可谓层出不穷。皮肤不白可以增白，五官不正可以再造，脂肪过剩可以吸脂，形体不美可以训练，但至今还没听到有“女人气质速成”之类的技术面世。

事实上，女人的气质有些是先天的或者说是与生俱来的，有些则是后天长期的潜心修养而成。而刻意模仿、临时突击则是难以从根本上改变气质的，弄不好“画虎不成反类犬”，成为效颦的东施，反为不美。

真正高贵脱俗、优雅绝伦的气质，需要的是全方位的修养和岁月的沉淀。像一抹梦中的花影，像一缕生命的暗香，渗透进女人的骨髓与生命之中，让她们能够在面对岁月的无情流逝时，仍然能够拥有一份灵秀和聪慧、一份从容和淡泊……

优雅的气质来自完美的内心

戴尔·卡耐基曾评价一位女士说：“你的粗俗将会毁了你的幸福。我要告诉你的是，只有举止优雅的女人，才会赢得男人的尊重和爱。”优雅，表现了女人的修养、内涵，她们在一举手、一投足之间，都会使人觉得恰到好处，很有分寸。

人们往往对举止粗鲁、不讲文明的女人嗤之以鼻，即使这种女人腰缠万贯，也没有人愿意把她们当上宾看待。但优雅的女人则不同，即使她们没有钱，即使她们没有什么名声、地位，就凭她们的优雅举止，便足以赢得人们的尊重。

所以说，女人是需要优雅的，男人都希望结识优雅的女人。

相信每一个人都喜欢以迷人的优雅气质著称的女影星格蕾丝·凯利和奥黛丽·赫本。格蕾丝·凯利智慧而优雅的气质，让她一下子走红，甚至使这位有着“王妃”气质的灰姑娘在某一天成了真正的王妃。自此之后，其装扮言行愈加散发出高贵、典雅之气。赫本的优雅，则纯净而清丽，仿佛天上仙女般一尘不染，虽举手投足间仍有些稚气，却难掩那份与生俱来的优雅之气。

20世纪末，又有一位幸运得叫人嫉妒的好莱坞女孩出现了，她就是格温尼斯·帕特罗。这位并不漂亮的女子亦是以现代女孩少有的欧洲式优雅而显得耀眼无比。高挑修长的帕特罗被认为具有高雅而不失现代的气质，以及品位出众而时尚的衣着让人十分欣赏。就是这个五官平平的女孩，她的优雅简洁又透着些新时代随意风格的着装方式，说明脸蛋不漂亮的女人也可以美丽。

优雅是一种恒久的时尚，当优雅成为一种自然的气质时，这个女人一定是成熟、温柔的。

女人必须学会从今天开始改变自己，去读书、学习、发现、创造，它能让你获得丰富的感受、活跃的激情。要学会爱自己、赞美自己，善待自己也善待别人，让生活充满意义。

优雅是不分阶层、贫富贵贱的，它是一种处乱不惊、以不变应万变的心态。有的女人不惧怕离婚，更不会忍受丈夫的暴力，她会立刻出走，并潇洒地丢下一句：“哪儿不能谋生？哪儿没有男人？”而不少女人却总把离婚当成世界的末日，屈服于家庭暴力，这是因为她们还没有形成独立自主的意识，任何微不足道的外在打击都能摧毁她们的自信。其实，如果你自己不打倒自己，就没有人能够打倒你。做一个优雅女人，要相信自己，相信爱情，相信人生中所有美好的东西。

真正的优雅来自完善的内心，是充实的内心世界、质朴的心灵形之于外的真挚表现，是自信的完美个性的体现。而所有的这些都来自于你所受的教育、你的自身修养以及你对美好天性的培植与发展。

其实，真正的优雅不一定需要有很多的金钱或者时间作为后盾，只要你留心，优雅无处不在。一个眼神、一句话、一个动作、一抹微笑，无不让你优雅万分。

那么，什么样的女人才是具备优雅气质的女人呢？

1. 装扮得体、举止大方

不可能每个女人都拥有美貌。如果你的长相并不十分出众，那你就要懂得怎么改变自己，弥补自己的先天不足，通过服装、发型、化妆品等把自己装扮得体，显示出你特有的魅力。在言谈举止中要落落大方，既有女性的温柔，又有高雅的气质。女人的高贵并非指要出身豪门或者地位显赫，而是指心态上的高贵。高贵的女人往往会给男人生活的信心和勇气，

◇ 让自己变得优雅起来 ◇

如果能在日常生活中注意以下几个方面，优雅于你而言就不会是那么遥远的事情了。

1. 女性不仅要让“女人是弱者”的说法改变，而且还要将女性气质中的恬静、温和、性感等充分发挥出来，在婚姻、生活、工作中处处闪现出女人的迷人气质。

2. 兴趣广泛。优雅的女人有着广泛的兴趣爱好，并能持之以恒。

因为她们生命里潜存着一种净化男人心灵、激励男人斗志的人性魅力。她们不媚俗、不盲从、不虚华，最让男人欣赏。

2. 富有同情心

优雅的女人都有同情心，对弱者或是受到委屈的人总会表示出由衷的同情，并理解他们，给他们以适当的安慰和帮助。

3. 心地善良、宽容待人

善良是女人的特性。假如你有一颗善良的心，并且待人宽厚，从不苛求他人，而且经常帮助一些老人、小孩子，那么，即使你不是很漂亮，但在这个物欲横流的世界里，你不俗的优雅气质依然会让人心动。

4. 健康、开朗、乐观

身体是生活的本钱，只有健康才能让自己活力四射、趋于完美。优雅的女人开朗乐观，遇到挫折时敢于认真面对，用女性特具的韧性，在克服困难的过程中寻求属于自己的幸福。

5. 有理想和自信

优雅的女人对未来有着崇高的理想，追求事业上的成功，用充满自信的目光看待每一件事、每一个人。男人就欣赏这种乐观自信的女人。自强自立的女人会让男人背负的精神压力相对减小。而且，一个男人能与一个不仅只满足于衣食之安的女人共度人生，生活就永远不会乏味，人生也会更美好。

成熟的女人是一道独特的风景

在生活中，经常会听到男人带着赞赏的口气说："某某真是个成熟女人。"那种口气，包含多少景仰。在成熟男人的眼里，成熟女人就是一坛好酒，窖香醇厚。

当然，不是随便一个到了婚育年龄的女人就能够被称作“成熟女人”。家庭主妇也不是“成熟女人”的代名词，所以“成熟”两字，是有其特定的复杂含义的。

什么样的女人才是成熟的女人呢？

（1）成熟的女人善解人意。善良，温柔，具有同情心和正义感，能够在人群中感受爱、接受爱，也能给予他人爱。能接纳自己，也能使别人接受自己。

生活中总有烦恼，一个成熟的女人遭遇失意时，不会仓皇失措，而是将注意力转到自己的兴趣之中，听音乐、读书、工作，会尝试利用弹性丰富、张力十足的生活态度引导出一个崭新的自己。

（2）成熟的女人举止适度、言谈有礼。站立时姿势优美，走路时步态稳健，用餐时温文尔雅，坐下时神态安详，谈话时平静温和。有很好的道德修养，不谈与事实不相符的事，不高谈阔论、固执己见，不一味地表现自己。

（3）成熟的女人服饰得体、打扮适宜。她们对服饰的选择有独到的见解，选择的服装既不浮华也不低俗，从来不追逐潮流，不在乎奢华或名牌，崇尚服饰与人的完美和谐，追求一种淡泊、宁静、高雅的意境。她们会根据自己的个性、气质、经济条件来挑选或制作适合自己的服装，穿出个性与魅力。

那么要如何才能做一个真正成熟的女人呢？

1. 不要因为小小的挫折而灰心丧气

不要沉溺于以往的失败中。容易遭受失败的人在性格上有

◇ 成熟的女人 ◇

成熟的女人懂得体贴别人，更懂得爱护自己。成熟的女人对自己的生活有着更高的要求。

1. 成熟的女人打扮适宜，看上去赏心悦目

她们不追求潮流，却能独运匠心，穿出个人品位。

2. 成熟的女人善解人意，举止得体

她们知书达理，不会被自己的情绪左右，不在大庭广众下失态。她们是好听众，可以敏锐地感受对方的情绪，体察对方的苦恼。

成熟的女人总是善于发现生活中的美，不对生活抱怨和苛责。

一个共同的弱点，就是对琐事都极为敏感，遇到小小的挫折便产生强烈的反应，甚至得出极端的结论。

2. 消除自我能力不足的疑虑

（1）克服“升迁”后遗症。有些女人，升职后，总是害怕自己能力不足，不能胜任新岗位的工作，因而产生疑虑、骄躁的情绪。

（2）相信自己。每个人在人生舞台上都是最优秀的演员。

3. 从崭新的角度去思考自己的弱点

能接受真实的自我，就能保持内心的平衡。有自知之明的人与自卑的人是不同的。

4. 不要隐瞒真相

（1）不成熟的人犯了错会隐瞒真相。隐瞒真相只会使原本微不足道的小事变得严重。

（2）隐瞒真相可能导致两种不良的结果，一是觉得欺骗了他人，因而愧对他人；二是加重了自卑感，因而愧对自己。

（3）不要妄自菲薄。妄自菲薄的人的痛苦都是自找的。

5. 与其非难他人不如改变自我

（1）诽谤他人毫无益处。一味地责难他人、诽谤他人没有什么好处，充其量只是获得暂时的满足，而且是一种空虚的、虚幻的满足。而为了这暂时的、空虚的满足，你必须付出极大的代价，包括不再激励自己奋发向上和损害良好的人际关系等。

（2）越不想改变自我的人越会责难自己。

6. 做自己的主人

（1）不要为他人所左右。经常为他人所左右的女人心中充满了恐惧，进而坐立不安。这样的女人必定是失败者，因为她们无法做自己的主人。

（2）要敢于说“不”。对于不符合自己意愿的事，要敢于说出内心真实的想法。

女人，要让你的青春永驻

年轻就是一种资本和财富，虽然人人都梦想永远年轻，永远18岁，遗憾的是，谁都无法挽留岁月的脚步。

女性由30岁开始，肌肤衰老的迹象开始逐渐在脸上出现。

你会在一些“脆弱”的地方找到皱纹的痕迹：颈侧、唇边、眼角及前额，等等。皮肤不再像昔日那般柔滑细致，虽不至于粗糙，但你能觉察到脸上的肤色开始不均匀，睡觉时枕袋在脸上所造成的“压痕”或者一些微小的伤口及暗疮印，需要较长时间才能离你而去。不仅如此，你脸上的毛孔开始变得明显、粗大，角质层很易积聚在表皮上，而皮肤专家也发现，30岁女性的肌肤易长暗疮。

还有一点不可不提，在20岁时肌肤所受到的紫外线伤害，有90%会在30岁才出现，所以你会发现，就算很少晒太阳，雀斑也会不断出现及加深。所以要立即采取补救行动，使你依然保持青春的活力：

1. 充足睡眠

正常情况下，理想的睡眠时间是8个小时。因为一般在晚上10点到清晨4点是人体，尤其是肌肤新陈代谢最旺盛的阶段，脑垂体会分泌大量荷尔蒙使皮肤光泽有弹性。如果此时得不到充足的睡眠，很容易在第二天造成皮肤灰暗失色、眼圈发黑、脱水生皱。因此，应当尽量改变熬夜的习惯，保证良好的睡眠。睡前饮杯热牛奶、用热水泡脚或洗个热水澡，舒缓一下身体，可以助你早入梦乡。

2. 多喝水

女人是水做的，人体的主要成分是水，因此一般情况下每天饮用6 ~ 8杯水或2 ~ 3升水才能维持皮肤含水量的平衡。但喝水是有讲究的，晨起一杯温开水有利于清除肠胃垃圾，促进人体排出污物或毒素；早餐一杯牛奶、豆浆或果汁既补充了机体能量和营养，又补充了身体必需的水分；上班时间多喝水能够缓解疲劳，防止皮肤干涩；晚餐汤粥都含水，营养物质全在内；餐后再吃一些时令水果，有助于消化和养颜。补水过程中应尽量少喝甜饮料，过多的糖分会使皮肤酸化而不利于皮肤的保护。睡前半小时左右不宜再喝水，这样可避免第二天早晨眼部浮肿及眼袋的出现。

3. 常通便

肠道内的“宿便”，是一些寄生虫和细菌良好的“培养基地”，肠道内的100多种细菌在摄取“养分”的同时也会不断发酵、腐败，产生有害的毒素和废物，被肠道吸收进入血液，并通过血液循环，将毒素和废物带到肌肤表层，引起面部色斑、痤疮、

◇ 如何保持青春 ◇

年轻是女人人生的一个短暂阶段，但是如果想要让自己的青春延长一点，下面两点很重要：

1. 晨跑

生命在于运动。运动才能使生命充满活力、青春永驻。而最好的运动方式就是跑步。

2. 保持好心情

“笑一笑，十年少。”笑口常开，才能青春永驻；无忧无虑，才会使身体里的每一个细胞都快乐而减缓衰老。

追逐自己的梦想，并在生活中让自己保持良好的心态，你的生命就会年轻、美丽！

皮肤粗糙、皱纹和气色难看等皮肤问题的出现。所以，要多吃含粗纤维的蔬菜和粗粮，加强肠胃蠕动，利于排便。

4. 饮食均衡

女性在饮食上要能做到既不戒荤也不拒素，每餐荤素合理搭配。不过多摄取含油、糖、脂肪高的食物，以免身体内热量过多，导致皮下脂肪堆积，引起肥胖、痤疮和脱发以及心血管疾病；多摄取一些优质的蛋白类、胶原类和含维生素丰富的食物，如鱼虾、肉皮冻、油菜、金针菜、玉米等。女性为美容和养身的需要，应经常选配一些具有补气养血的食疗佳品，如银耳枸杞汤、当归红枣炖乌鸡等，以调理身心，达到美颜靓肤的功效。

5. 修身养性

读书可以使人修身养性。“腹有诗书气自华”，丰富的知识一定会让你青春勃发、魅力无穷。读书可以提高你的内在气质，读书可以使你更具魅力！这是潜移默化的，也是充满神奇的！

6. 有梦想

有梦想代表你年轻，而年轻就代表你充满活力！这也是培养你拥有乐观精神和浪漫性格的方法。有了乐观的精神和浪漫的性格，你就会永远年轻，永远快乐！

7. 勤洗澡

洗澡可以洗掉一天的杂质与灰尘，洗掉你一身的烦恼和疲惫。洗澡的过程也是自己做运动的过程。身体的各个关节都在运动，血液循环加速，新陈代谢加快。洗完澡，再睡个香甜的觉，一觉醒来，必定神清气爽、容光焕发。

追求时尚的正确方式

对时尚的追逐、对自然的崇尚，是年轻女性的永恒话题，而漂亮、随意、充满青春活力也应是喜好自由生活、重视自我感受的年轻女性的专利。

女人追求时尚是大方向和大趋势。但有些商家看准了女人追赶时尚的劲头，为了赚钱，不惜损害女性的健康，它们通过电视、报刊、网络等媒体对时尚大加渲染，卖减肥药的宣传苗条是时尚，卖染发剂的宣传染头发是时尚，做美容的宣传长睫毛、双眼皮是时尚，等等。总之，生活中不乏这样的现象：商家赚足了钱，而追求这些时尚的女人则花空了钱袋，弄坏了身体。

当然，女人爱美没有错，追求时尚也没有错。只是在追求时尚时，一定要采取正确的方式和把握适度的原则。

1. 多运动

“性感”在今天已经成为时尚的代名词。一个时尚的女人可以没有美丽的容貌，可以没有丰厚的薪水，更可以没有这种或那种名牌香水，但是，时尚的女人必须是个性感的女人。

运动是性感的，也可以使女人变得性感，那么追求时尚的女人就无法拒绝运动。不要说那些驰骋赛场的体坛名将，就是体育馆、健身房中挥汗如雨的女人，哪个不让人另眼相看？她们在坚持不懈的运动中，表现出了对健康的渴求。健康是性感的前提，越是健康的女人距离她们心目中的性感形象就越近。

虽然运动不是追求时尚的灵丹妙药，但是运动的确可以拉近女人与时尚的距离。在人们感叹女人为体育运动痴迷所展现出来的豪情时，体育运动正高举时尚大旗，引领着更多追求时尚的女人，在性感的大路上飞奔。

2. 注重时尚的和谐

（1）时尚与性格的和谐。每个女人都有自己独特的个性，在追求时尚时也应根据自己的性格选择时尚，追求时尚与性格的和谐。模仿不是美，时髦也不一定是美，只有当内在性格与时尚追求和谐一致时，女人的美才能得到最充分的体现。

当时尚成为女人的一种“强加物”时，它就会破坏女性的美。如旗袍给人以文静优雅的感觉，“假小子”式的姑娘就不宜穿着。所以，女性追求时尚时要注意，服装款式、色泽、质地都应与个性吻合，不可一味模仿。

（2）时尚与环境的和谐。女性在追求时尚、强调着装个性化的同时，还必须重视环境的因素，即在选择时尚服饰时，应与一定场合的气氛协调。如在办公室里不宜着过分时髦的时装，职业女性也不能什么颜色的头发流行就烫什么颜色。如果在比较严肃的环境里工作，刚好社会上流行红色，你头顶耀眼的红发去上班，肯定会招来异样的目光。

因此，女性在追求时尚时要考虑与场合、氛围相统一，与生活环境相适应。

（3）时尚与职业的和谐。职业不同，在社会上扮演的角色就不同。因而，女性在追求时尚时要注意与自己的职业相协调。例如女教师为人师表，就要为学生做好榜样，因此穿戴不要太前卫，以免造成不良影响，损坏自己的形象。

在追求时尚时，注意结合职业特点来着装，可以显示出女性的工作能力和气质风度。

3. 切忌重金追时尚

大多数女性追赶时尚主要出于以下三种心理：一是好奇心；二是虚荣心；三是不愿落在人后。

因此，为了追求时尚，她们甚至不惜重金，让自己看起来光彩照人，口袋里的钱却越来越少，感觉越来越糟。

其实，今日的时尚，大多为商业行为所制造。为了使自己的产品成为受大众青睐的商品，商家不约而同地将经营策略放到了在成本不变的前提下如何最大限度地提升产品价格上。于是，一系列时尚制造行动频频出现在世人的面前。在电视屏幕、报纸杂志和网络的引导下，人们不可避免地会将这些商业运作的结果和时尚画等号。于是，时尚也开始变得铜臭味十足起来：一张普通的木床，价格可以高到能买下半亩树林；一件花花绿绿的衣服能花去一个女人一个月的粮款；一个吊挂在脖、腕上的小饰物足以使几个失学儿童的三年学费得到全额支付……对待如此这般的所谓时尚，女性不应不识，更不能不防。

第三章

过有品质的生活，拒绝无效社交

“第一印象”很重要

女人给别人留下的第一印象直接影响着别人对她的评价，而言谈举止是构成人们对她直接评价的主要因素。许多人在初次交往时，就很快为对方所接受，或被奉为事业的楷模，或被尊为学业上的恩师，或被敬为思想上的领袖，或被求为人生的伴侣。

第一印象的烙印是非常深刻的，很长时间都不容易被改变。在许多回忆录中，常常可以读到这样一段话：“他还是老样子，像我第一次见到他的时候……”多少年以后，由于历史的变化更加之岁月的沧桑，一个人怎么会没有变化呢？但在作者眼里，对方还是他初次见到的模样。事实上，不是对方依然如故，而是作者脑中的第一印象太深刻了，没有随着时间的流逝而改变。

在纽约一次晚宴上，有位刚继承了大笔遗产的女宾，极力想给众人留下深刻的印象。她花了不少金钱购买貂皮大衣、钻石和珍珠，却忘了花点儿力气整顿一下面容——那张散发着乖戾之气和自私自利的面容。她并不懂得：一个人脸上的表情要比她身上的衣装重要得多。

显然，好的印象不是靠金钱堆砌出来的，其实一个真实的“你”就足够了，将你最真实的一面表达出来，无论一个微笑还是一个动作，都会给人留下良好的印象。

那么女性在社会交往中如何给别人留下良好的第一印象呢？

1. 发挥长处

女人首先要了解自己，把握自己的特点，如外貌、精力、说话速度、声音的高低和语气、动作、手势、神情以及其他吸引别人注意力的能力，等等。要知道，别人正是根据这些特点来形成对你的印象的。如果你发挥自己的长处，别人就会喜欢跟你在一起，并容易同你合作。所以，与人交往，要充满自信，并尽可能发挥自己的长处。

2. 保持本色

善于与人交往的女人，不会因场合的不同而改变自己的性格。保持最佳状态的真我是给人留下美好印象的秘诀。不管是与人亲密地交谈还是发表演说，都要保持自己的本色。

3. 善用眼神

不管是跟一个人还是一百个人说话，一定要记住用眼睛望着对方。进入人满的房间时，应自然举目四顾，微笑着用目光

◇ 怎样塑造良好的第一印象 ◇

在社交活动中，第一印象很重要。它是在没有任何成见的基础上，完全凭着你的“自我表现”来判断的，因而第一印象直观、鲜明、强烈而又牢固。

微笑

微笑是最美好的语言，没有人会拒绝微笑，如果在初次见面时展现微笑，无疑会给对方留下一个美好的印象。

多提对方的名字

这是对对方的尊重，试问，有几个人不想被别人尊重呢？

说对方感兴趣的话题

这会让对方认为和你有共同语言，更能引起他的共鸣，当然会留下一个好印象。

照顾到所有的人，而不要避开众人的目光，这会使你显得轻松自若。

当然，笑容也很重要。最好的笑容和目光接触都应是温和自然的，并不是勉强做出来的。

4. 先听后行

参加会议、宴会或面试时，切勿急于发表意见，要先等一会儿，了解一下现场的情形：会场气氛如何？别人的情绪怎样，是高涨还是低落？他们是渴望聆听你的意见，还是露出厌烦的神色？只有你觉察到别人的情绪，才能比较容易地接触他们。

5. 集中精力

怎样集中精力？一位专家说："我在跟别人见面之前，通常会静静地坐下来集中思想，然后深呼吸一下，我会思考这次见面的目的——我的目的和别人的目的。有时候我会步行几分钟，使心跳加速，这样踏进门口，就不会再想着自己。我把注意力全集中到那人身上，尝试找出他值得我喜欢的地方。"

6. 态度肯定

肯定的态度很重要。在日常交往中常会见到有些人说话时声音越来越小，甚至用手捂住自己的嘴巴。没有人愿意跟这样一个态度迟疑的人打交道。冷静是必要的，小心谨慎也不可少，但切勿迟疑不决。

7. 放松心情

要使别人感到轻松自在，你自己就必须表现得轻松自在，不管遇到什么事情，心里都要尽量放松。学会幽默，不要总是神情严肃，或做出一副愁眉苦脸的样子。应该学会把心情放松，否则家人、朋友和同事会对你感到厌倦。

在社会交往中，不要为别人而改变自己的性格，不要摆出虚假的姿态。只要保持真我——最佳状态的真我，就足够了。事实上，做到以上 7 点，你就已经具有了给别人留下良好印象的神奇力量。

增进你与朋友间的友谊

有时候你在这个世界上最喜欢的两个人不但彼此讨厌对方，而且还对你毫不隐瞒这个事实，这真是命运残酷的捉弄。除了把他们两个一起放到沙漠中，还有一些方法能让他们绑在一起，成为朋友。如果生日聚会由于这两个朋友闹翻了而成为一场噩梦，下面是一些怎样让他们举止适宜的办法。

再次向他们保证他们都是你的好朋友

你有了烦心事，你的两个合不来的朋友会因为“领土”问题而截然对立，这个“领土”就是你。这是因为大多数朋友不但害怕失去朋友，而且当他们要去见朋友的“好”朋友的时候，他们认识到自己是多么的可有可无。要打消这种会造成无数问题的不安全感，你的工作就是再次向他们保证，你的心里有足够的空间去容纳每个人，每一周都有足够的时

◇ 学会和多个朋友相处 ◇

对于大多数人来说，并不是一生只有一个朋友，而是有很多个朋友，朋友又有很多他自己的朋友。因此，相处起来就会变得复杂。

让你的朋友互相认识

这是为你自己好，也是为他们好。毕竟，总是听说某某人非常出色，但又从没有人介绍你们认识，没有比这更糟糕的了。

做一个体谅别人的好朋友

当你不喜欢朋友的朋友时，就把他们当作朋友的家人看待。你不需要喜欢他们，但是你却要对他们和善有礼。

我们都有自己的喜好，但是为了所有的朋友，要珍视每个朋友给你的生命带来的精彩，这非常重要。让他们知道你很重视他们，当你跟他们说其他朋友的时候，他们就不会那么担心了。

间给他们。

强调共同点

要使朋友融洽相处，你要让他们知道，除了你之外，他们之间还有许多共同点。这就是说当你们3个人在一起的时候，你自动退出。不要说“某某和我一起去了这个艺术展，你也会喜欢这个展览的”，而要说“你喜欢的那位艺术家，某某确实也喜欢”，等等，然后让他们两个单独讨论。共同点可以是任何事，所以你只要丢下几句相关的话，然后离开，让他们去讨论就行了。

遇到危机时让他们两个都帮忙

一个好办法是，要他们两个为了你而一起合作。危机更有可能让人们停止瞎闹，努力适应对方。此外，既然你已经使自己成为他们两人之间的共同点，他们就有了一个焦点提醒他们和你之间的联系。如果这管用，那就是时候让他们关注大局了，那就是为了你而好好相处。不管怎样，要求过平静的生活是没有错的。

如果他们不喜欢彼此，别担心

有时候你尝试了上面所说的每一条诀窍，但是无论如何都不能让他们两个人成为朋友。如果情况就是如此，那就不要充当中间调解人了。一切都顺其自然，也不要避免邀请他们二人去相同的地方。每个人都够聪明、够成熟，能够应付自己不喜欢的人。如果你认为他们有问题，而且总是小心翼翼地行事，他们之间就真的会有问题。记住：并不是每个人你都喜欢，他们也不需要喜欢每个人。

结识新友

生活中，知道怎样能使别人成为自己的朋友会对你大有益处，不仅是在友谊方面，而且对生活的方方面面都会有好处，因为这是成功的社交活动和工作的关键。幸运的是友谊和长相、智力没有太大关系，友谊却和“感情智力”关系紧密。你可能会在那种别人都知道该怎样避免出错的地方犯大错。如果你已经厌倦了自己总是说错话，厌倦了总是让别人误解你，下面教你怎样在社交场合给别人留下深刻印象。

“阅读”肢体语言

我们发出和收到的信号中有55%都是通过肢体语言传递的，所以知道怎样“阅读”这些肢体语言会对你大有益处。别人有兴趣和你说话的信号有：你说话的时候他们身体往你这边倾斜；与你进行眼神交流；自信而认真的举止。没有兴趣和你说话的信号有：你说话的时候他们的眼神总是从你的肩膀上溜走；你靠近时他们就后退；回答时只用一两个词。如果遇到的是后者，赶紧走开，这个人不值得你去了解。找一个更乐于接受你，更乐意和你说话的人。

建立信任

如果对方给你积极的反馈，那就开始通过强调你们之间的

◇ 正确选择朋友 ◇

每个人的一生中都需要友谊，那么就必须要学会交朋友。

找志趣相投的朋友

这听起来显而易见，但是大多数人都不会在眼皮底下找朋友。如果希望友谊能持久，要有多于两个的共同兴趣点。

不要害怕对别人说“不”

你不用和每个向你伸出友谊之手的人做朋友。选择朋友要明智，该说“不”的时候要坚决说出口。

如果身边暂时没有值得交的朋友也不要着急，不要随便交朋友，只需要耐心等待，总会有友谊之花盛开。

共同点以建立感情纽带。这让人感到很舒服，因为他们会感到自己的信念得到了认同。显然，这也不能做得过火了，那会让人觉得你不真诚，因而会撤退。最后，即使你们非常志趣相投，也要确保说话的时间和聆听的时间差不多长。

不要太激进

就像你和未来的男朋友相处时不能太激进一样，和新朋友相处时也不要太激进。把电话号码给他们，互相交换邮箱地址，建议一起做些事，然后坐下来等待他们的反应。每天给他们发两三条短信或者每天都给他们打电话，那是在过度杀伤你们之间可能的友谊。同样，他们的电话你总是不回，把他们当作无聊时的消遣，或者在紧要关头抛弃他们，这些无论如何都无法巩固你们之间的友谊。

事不过三

最后，要以“3 次犯罪你就完蛋”为原则。打电话给新认识的人，约他们出去，然后等待回应。如果他们取消你的约会，不要把责任归到自己身上，再试一次，看看他们是什么反应。如果尝试了 3 次，他们每次都找出许多借口来推脱，那你就得想清楚是否仍然想和他们做朋友。如果不，赶紧撤退，找其他人。

不要把自己的丑事全都抖出来

建立友谊时你很可能想将自己所有的事全都告诉对方，千万不要！这不但会让人感到不愉快，而且还显示你的感情太过强烈，难以相处。一开始时要让彼此开怀大笑，严肃困难的事留到以后再说。

如何与朋友交往

由于各种各样的原因，有些朋友可能很难相处。有些人天生如此，而有些人可能遇到困难了，还有一些人是因为正在压力下煎熬，所以对你发脾气，把情绪发泄在你身上。不管她们有什么问题，作为朋友，你该这样做：

直接说出来

如果朋友很粗鲁、难以相处、惹人烦，你就直接说出来，她们向你道歉，你们又重归于好了。

理解朋友

你不是朋友的心理医生，所以你不需要百分百地理解她们的情绪。好了，你交了新男朋友，你最好的单身朋友也想交男朋友，但是没有交成，所以她就行为失常了。你理解她的行为和感受，但是小心翼翼、战战兢兢地和她相处不是个办法。要处理好与她的关系，关键是同情她的处境（那就是尽量去理解她失常行为背后的原因），但又不能让她把你当沙袋对待。

关心朋友

正确地理解朋友,这是化解朋友难以相处行为的最快办法。不要问："你到底怎么了？"因为这一般会得到一个否定的回答，

◇ 正确对待难相处的朋友 ◇

每个人都有每个人的性格特点，朋友之间也有一定的相处模式，如果你觉得你的朋友很难相处，可以参考下面的做法：

确保不是你的错

有时候朋友会因为你对他（她）做的某件事而变得很难与你相处。诚实地审视一下自己的行为，看看是不是自己的某些行为触发了问题。

包容一点

他很惹人烦，但是你也并不完美，所以对待朋友要宽容一些。他们没有必要和你的想法一样。

既然已经是朋友了，我们就应该保持良好的友谊，面对难相处的朋友，只要不是原则性的问题，我们可以多包容一点。

而要这样问："这太不像你了，出了什么事？"这样你会得到一个更积极的回答，甚至可以给予帮助。如果她闭口不答或者拒绝让你知道，最起码你已经让她知道：（1）你已经注意到了她的失常行为；（2）你已经做出努力要帮助她了。

学会与陌生人打交道

女性要扩大自己的生存空间，拓展人际关系，同陌生人谈话是不可避免的。因此，这也成为女性在社交中需要克服的一大难关，处理得好，可以一见如故、相见甚欢；处理不好，又会导致局促无言、场面尴尬。

要想在同陌生人打交道的过程中如鱼得水，就必须找到自己同陌生人的共同点，借此展开话题，畅谈无阻。那怎样才能找到双方的共同点呢？

1. 学会察言观色

一个人的心理状态、职业、生活爱好等，都或多或少地在他们的表情、服饰、谈吐、举止等方面有所表现，只要你用心观察，就会有所发现。当然，双方的兴趣爱好相结合，自己对此也有兴趣，才会有愉快的谈话气氛。否则，即使发现了共同点，也还会无话可讲，或讲一两句就"卡壳"。

2. 以话试探

与陌生人在一起，要打破沉默的局面，开口讲话是首要的，

◇ 避免冷场的小技巧 ◇

找到了与陌生人的共同点，并不能保证谈话就能够顺畅无阻，也可能会出现冷场，在这种情况下，就要掌握一些避免冷场的小技巧：

天气

天气或季节是大家普遍关心的问题，以此作为谈论的话题，是不怕没人响应的，比如，可以说“今天天气真热”“真冷啊”等。

旅游

关于旅游的话题，有时不太喜欢旅游的人对此也会感到十分新奇。

衣着

谈论对方衣着的颜色或关于流行的话题，同样会引起对方的兴趣。

方式也是多种多样的，如有人以打招呼的方式开场，询问对方的籍贯、职业等，从中获取信息；有人通过听对方说话的口音、言辞，了解对方情况；有人以行动开场，边帮对方做事，边以话试探；还有人借火吸烟，从而发现对方特点，打开交际的局面。

3. 听人介绍

经常会遇到这种情况，你去朋友家串门，遇到有陌生人在座，作为对于二者都很熟悉的主人，必然会马上为双方介绍，说明双方与主人的关系、各自的身份、工作单位，甚至个性特点、爱好等，细心人从主人的介绍中马上就可发现对方与自己有什么共同之处，进而在交谈中延伸，不断发现新的共同关心的话题，从而使谈话愉快、顺畅地进行下去。

4. 揣摩谈话

为了发现自己想要交际的人同自己的共同点，可以在他同别人谈话时留心倾听、分析和揣摩，也可以在对方和自己交谈时揣摩对方的话语，从中发现共同点。

5. 循序渐进

发现共同点是不太难的，但这只是谈话初级阶段所需要的。随着交谈的深入，共同点也会越来越多。为了使交谈更顺畅，必须循序渐进地挖掘深一层的共同点，才能如愿以偿。

当然，寻找共同点的方法还有很多，比如共同的生活环境、共同的生活习惯等，只要你留心观察，与陌生人无话可讲的局面是不难打破的。

精心营造自己的社交圈

女人要想在社交上独立，重要的一点就是要有自己的交际圈，而不是作为丈夫的妻子加入丈夫的交际圈。另外，拥有自己独立的交际圈，也说明女人的交际范围广泛。

聪明的女人善于打造自己的交际圈，她们在多个交际圈中长袖善舞，这不但是女人的自信，也是女人魅力的表现。

那么，女性要怎样成功打造自己的交际圈呢？下面就向女性朋友们介绍一些成功与人交往的技巧和策略，以供参考：

1. 别总做接受者

在社会交往中不能总做接受者。如果你仅仅是个接受者，而不会主动联络，帮助别人，那么无论谁都会疏远你。

2. 与圈子中每个人保持积极联系

要与每个人保持积极的联系，唯一的方式就是善于运用自己的日程表。比如，记下那些对自己特别重要的人的特殊日子，像生日或周年庆祝等，并在那个日子到来时打电话给他们，至少给他们寄张贺卡让他们知道你时时在想着他们。

3. 推销自己

在人际交往中要尽可能地推销自己。当别人想要与你建立关系时，他们常常会问你是做什么的。如果你的回答没有表示出你的热情，你就失去了一个与对方交流的机会。使你的回答充满热情，同时也能为对方提供新的话题，说不定其中就有对

◇ 新时代女性的两个圈子 ◇

人际交往中能够精心营造出属于自己的社交圈，是新时代女性在性别主体上和独立性上的最好体现，她们的社交圈通常都包含“第一圈子”和“第二圈子”两个层次：

第一圈子：工作圈

这个圈子里有同事、上司、客户等，大家为了工作而在一起。

在这个圈子里，有你所不喜欢但必须直面的人，所以这个圈子未必是轻松的。

第二圈子：朋友圈

你可以和好友约好每周末做美容，善待自己外加放松心情；也可以和玩得来的朋友泡酒吧、去 KTV 等。

这样的圈子很轻松、默契，因为大家的目的取向很明确，就是追求快乐。

方感兴趣的。

4. 要常参加各种活动

多参加一些活动，会对你扩大自己的社交圈有很大帮助。因为在这些活动中可能会碰到自己的不少老朋友，利用这个机会你可以进一步加深一些印象，同时还可能认识不少新朋友。所以，不论是升职派对还是同事的婚礼，都要积极参加。

5. 利用自己的旅行

如果你旅行的地点正好邻近你的一位朋友，不要忘记提议和他共进午餐或晚餐，借此增加彼此的了解，获取一些对自己很重要的信息。

6. 以最快的速度去祝贺他

遇到朋友或同事升迁或有其他喜事要记得在第一时间内赶去祝贺。当你的朋友或同事升职或调到新的组织去时，也要尽早赶去祝贺他们。同时，也让他们知道你个人的情况。如果不能亲自前往祝贺，最好也应该通过电话表达自己的祝贺。

7. 帮助他人

朋友遇到困难时应及时安慰或帮助他们。任何一个朋友遇到麻烦时，你应该立即与他通话，并主动提供帮助。

时刻提醒自己要遵守人际交往中的规则，不是“别人能为我做什么”，而是“我能为别人做什么”，在回答别人的问题时，不妨再接着问一句：“我能为你做些什么？”

处理好办公室的人际关系

办公室就是个小社会，不像在学校或家里那么单纯，每天待在办公室的人很少能感觉到做人的轻松与悠闲，职场中充满了竞争。

办公室的“白金法则”

1. 注意倾听

每个人都有这样的冲动，就是要向别人展示你是如何与他们的思路契合。但是，假如你真的与他们的想法一致，那么你就该知道，人们大多都喜欢听自己说话。哪怕把同样一件事情用不同的方式讲5遍，人们似乎都不会感到厌倦。所以，你应该学会耐心倾听，让他们一偿“夙愿”。只要不时简单地发出“嗯”或“对”就可以了。你将会被大家称赞是个不只会听人说话，而且还了解别人的人。

2. 适时沉默

有时候，你会发现自己身处颇为微妙的境况。当两个或更多的人因为矛盾几乎就要起言语冲突时，你刚好就在现场。表面上看，他们似乎是在争论有关工作上的小事。但是，实际上是这两个人根本就彼此讨厌。所以，此时你一定要克服你想插嘴劝架的渴望，紧紧地闭上你的嘴巴。基本上，在当时无论你说什么都是错的，不是因为你身份不够或是缺乏解决方案或社交技巧，而是因为没有人会在这时候喜欢有人插手。在这个多

◇ 与同事多沟通 ◇

生活中不难发现，有的企业因为内讧，不仅企业本身“伤了元气”，对整个社会舆论也会产生不良影响。所以作为一名企业员工，尤其要注意加强个体和整体的协调统一。

无论自己处于什么职位，首先要与同事多沟通，因为个人的能力和经验毕竟有限，要避免“独断独行”。

当然，同事之间有摩擦是难免的，即使是一件事情有不同的想法，也应本着“对事不对人”的原则，及时有效地调解这种关系。

从另一角度来看，同事之间发生摩擦时，也是你展现自我的好机会。用成绩说话，真正令同事刮目相看。

变的人际关系的化学反应中，最好等到酸碱完全中和酸碱值回到正常时再有所“动作”。

3. 忌兴风作浪

在办公室里一定要耐住性子，别去掺和和自己无关的事，更不能兴风作浪、推波助澜，否则会招来不必要的麻烦。虽然有时会有意外，但是不能冒着被“呛水”的危险去“游泳”。

同事之间相处的艺术

在办公室里，能否处理好与同事的关系，会直接影响你的工作。建立良好的人际关系，得到大家的喜爱和尊重，无疑会对自己的生存和发展有很大的帮助，而且愉快的工作氛围，可以让人忘记工作的单调和疲倦，从而提高工作效率。这就需要你掌握好与同事相处的艺术。

1. 直接向上司陈述你的意见

在工作中，每个人考虑问题的角度和处理的方式难免有差异，对上司所做出的一些决定有看法或意见也属正常，但切记不可到处宣泄，否则经过几个人的传话以后，即使你说的话有道理也会变调变味，传到上司的耳朵里时，便成了让他生气和难堪的话了，难免会对你产生不好的看法。所以最好是在恰当的时候直接找上司，向其陈述你自己的意见，当然要根据上司的脾气性格用其能接受的语言表述。作为上司，他感受到你对他的尊重和信任，对你也会另眼相看，这比你到处发牢骚好多了。

2. 乐于从老同事那里吸取经验

在办公室里,那些比你先来的同事,比你积累了更多的经验,有机会不妨向他们请教,从他们的经验里寻找可以借鉴的地方,这样不仅可以帮助自己少走弯路,更会让公司的前辈们感到你对他们的尊重。尤其是那些资历比你长,但其他方面比你弱一些的同事,会有更多的感动,而那些能力强的同事,则会认为你善于进取,便会乐于关照并提携你。

3. 让乐观和幽默使自己变得可爱

即使你从事的工作单调乏味或是较为艰苦,也千万不要让自己变得灰心丧气,更不要与其他同事在一起抱怨,而要保持乐观的心境,让自己变得幽默起来。因为乐观和幽默可以消除同事之间的敌意,更能营造一种和谐亲近的人际氛围,有助于你自己和他人变得轻松,从而消除了工作中的乏味和劳累,最为重要的是,在大家眼里你的形象会变得可爱,容易让人亲近。当然,幽默要注意把握分寸,分清场合,否则会招人厌烦。

4. 帮助新同事

新同事对手上的工作和公司环境还不熟悉,很想得到大家的指点,但是有时由于和同事不熟,不好意思向人请教。这时,如果你主动去关心帮助他们,在他们最需要得到关心和帮助之时伸出援助之手,往往会让他们铭记于心,打心眼里深深地感激你,并且会在今后的工作中更主动地配合和帮助你。

5. 适度赞美，不搬弄是非

若想获得同事的好感，适度的赞美是必要的，如“你今天的唇膏颜色真漂亮”，在无形中让同事增加了对你的好感。但切记不要盲目赞美或过分赞美，这样容易有谄媚之嫌。同时，切忌对同事评头论足、搬弄是非，要尊重个人的权利和隐私。如果你超越了自己身份的话，很容易引起同事的反感。

办公室女性的“三忌”

1. 忌在办公室搔首弄姿

因为人只有先自尊,别人才会尊重你。对于办公室女性来讲，自尊是非常重要的。

女性在与上级相处的过程中，“自尊”的含义包括以下几点：

（1）独立自主。靠自己的本事吃饭是最长久、最保险的。正确处理上下级关系，只是为了使自己拥有一个较好的工作环境，从而使自己的才能得到充分发挥，成绩受到肯定，而并非是献媚于领导，不劳而获或额外得到更多的好处。

女性较之男性要有更多的依赖性，这是由女人的天性决定的。但依赖是有限度的，不能完全地依赖别人。另外，依赖还应该是有原则的，不能盲目地依赖、丧失尊严地依赖。否则，就别想挺直腰杆做人。对于这种不想付出劳动只想收获的人，领导是不会喜欢的。

（2）不贪婪、不虚荣。

女性如果能够恪守原则、洁身自好，不贪图安逸和虚荣，那么她就能抵制权力的诱惑。

自尊会使你头脑冷静、心情平静，不为眼前繁华一时的物欲所迷惑。

（3）珍惜和爱护自己的名誉。人的名誉是无价的。有钱买不来，失去了便再也难找回来。对于女性来说，名誉尤其重要。

如果办公室女性在与上司相处中能够珍惜和爱护自己的名誉，就会保持头脑冷静，抵制诱惑，不会逾越正常的上下级关系，不会违背自己做人的准则。

同时，女性还应注意自己的言行，不说过头的话，不做不合时宜的事，时刻注意保持言行的稳重、仪态的端庄，避免给人留下轻浮的印象。

2. 忌在领导面前献殷勤

尊重领导，认真执行领导的指令，这都是对的。但不要在领导面前献殷勤，溜须拍马。虽然你讨好领导与同事没有直接的利害关系，但一般情况下同事都是很反感的。

3. 忌在办公室散布流言

办公室中经常有这样一些人：他们到处散布别人的流言蜚语，搬弄是非。对他们来说也许只是没事磨磨牙，或者增加一点儿茶余饭后的谈资，但他们的言辞却对别人产生了很大的影响。

真诚地赞赏、喜欢他人

每个人，当然包括男人和女人，都希望自己受到别人的重视。尤其是男人，他们更希望能够引起女性的重视，更希望从女性那里获得满足这种“希望具有重要性”的感受。作为一名女性，如果你想与别人相处得十分融洽，如果你想成为一个受欢迎的人，那么你首先要做的就是满足他们这种“希望具有重要性”的心理，而你最好的选择就是真诚地赞赏他们。

你能否真诚地去赞赏那些男士们直接关系到你是否能找到一个称心如意的伴侣或是拥有一个美满幸福的家庭。所以当你和你的男友或是丈夫相处时，如果你想让你们彼此都拥有幸福的美好感觉，那么你最应该做的就是去真诚地赞赏他们。不过，你能够真诚地去赞美他们的前提则是必须真心地喜欢他们。

在历史上像这样的例子数不胜数。乔治·华盛顿，美国第一任总统，他最高兴的就是有人当面称呼他为“美国总统阁下”；哥伦布，这个发现美洲的航海家，他曾经要求女王赐予他“舰队总司令”的头衔；雨果，伟大的作家，他最热衷的莫过于希望有朝一日巴黎市能改名为雨果市；就连最著名的莎士比亚也总是想尽办法给自己的家族谋得一枚能够象征荣誉的徽章。

之所以列举了这些成功男士的例子，无非是想告诉各位女士们，一个成功的男人虽然已经获得了很多的东西，但他们永远不会对那美妙的赞美声产生厌倦。因此，如果你想成为男人眼中最善解人意、最迷人、最美丽的女性，那么你最好的选择就是去真诚地赞赏他。

当然，女性在生活中接触更多的可能还是同性朋友。而女人对这种赞美声的渴望绝不亚于男人，而且还更甚。

一个朋友的妻子参加了一种自我训练与提高的课程。回到家后，她急切地对丈夫说："亲爱的，我想让你给我提出6项事项，而这6项事项能够让我变得更加理想。"

"天啊！这个要求简直让我太吃惊了。"她的丈夫这样说，"坦白说，如果想让我列举出所谓的能让她变理想的事情，这简直再简单不过了，可是天知道，我的太太很有可能会紧接着给我列出成百上千个希望我变得更好的事项。我没有按照她说的那样做，当时我只是对她说：'还是让我想想吧，明天早上我会给你答案的。'

"第二天我起了个大早，给花店打电话，要他们给我送来6朵火红的玫瑰花。我在每一朵玫瑰花上都附上了一张纸条，上面写着：'我真的想不出有哪6件事应该提出来，我最喜欢的就是你现在的样子。'你肯定会猜到了事情的结果，就在我傍晚回家的时候，我太太几乎是含着热泪在家门口等我回家。我觉得不需要再解释了，我真庆幸自己当初没有照她的要求趁机批评她一顿。事后，她把这件事告诉给了所有听课的女士们，很多女士都走过来对我说：'不能否认，这是我所听到过的最善解人意的话了。'从那一刻起，我认识到了喜欢和赞赏他人

◇ 学会赞美他人 ◇

每个人都喜欢听一些好听的话，顺耳的话，但这样的话可能不是赞美，有可能是奉承，赞美会给人鼓励，真正激励他人，拉近两人之间的关系，增进彼此之间的感情，那么如何有效赞美别人呢?

1. 赞美要及时

对他人的赞美要及时，别人获奖了，取得了某些成功，在祝贺的时候进行赞美，这样更能起到鼓励的作用。

2. 赞美要中肯

赞美不是阿谀奉承，不是拍马屁，赞美的话要符合被赞美的事情，语言要中肯，要有鼓励性和启迪性，这样被赞美的人才容易接受。

3. 赞美要真诚

赞美的时候，自己一定要面带微笑，注视着对方，说话温和，语调不高不低，表情自然不做作，让人感觉你是真诚的，这样才是真正的赞美。

的力量。”

如果当初这位先生选择了给妻子提出6件事，而并不是由衷地赞赏她的话，等待他的恐怕就是妻子那成百上千件的不满之事以及无休止的争吵。

女人就是这样，她们总是希望能够得到他人的赞赏，得到别人的重视，尽管她们做得并不够好。相信各位女士经常会在心里佩服其他的女性，却很少把这种心情表达出来。“挑剔”似乎是上帝赐予女人的特权，因此女人对她身边的人总是很不满意。她们认为，身边的人做得还远远不够，至少还没有做到能够让她赞赏的那个地步。

成功人士大都会对他人表示赞赏，查理·夏布和安德鲁·卡内基就是这样做的。

1921年，安德鲁·卡内基提名年仅38岁的查理·夏布为新成立的“美国钢铁公司”第一任总裁，使得夏布成了全美少数年收入超过百万美元的商人。

有人会问，为什么卡内基愿意每年花100万美元聘请夏布？难道他真的是钢铁界的奇才？夏布说，其实在他手下工作的很多人对于钢铁制造要比他懂得多得多。接着，夏布又说，他之所以能够取得这样的成绩，主要是因为他非常善于处理和管理人事。他的经验是：

赞赏和鼓励是促使人将自身能力发挥到极限的最好办法。

如果说我喜欢什么，那就是真诚、慷慨地赞美他人。

这两句话是夏布成功的秘诀，而事实上，他的老板安德鲁·卡内基也是凭借这一秘诀获得成功的。夏布说，卡内基先生十分懂得在什么时候称赞别人。他经常在公共场合对别人大加赞扬，当然在私底下也是如此。

应该说，真诚地赞赏和喜欢他人，是女士处理人际关系最好的润滑剂。

在人际交往的过程中，我们接触的是人，是那些渴望被人赞赏的人。应该说，给他人欢乐，是人类最合情也是最合理的美德。因为伤害别人既不能改变他们，也不能使他们得到鼓舞。

在美国，因精神疾病导致的伤害要比其他疾病的总和还要多。按照我们的推测，精神异常往往是由各种疾病或外在创伤引起的。但是，有一个令人震惊的事实是，实际上有一半精神异常的人其脑部器官是完全正常的。

一家著名精神病院的主治医师指出，很多时候人之所以会精神失常，是因为他们在现实生活中得不到“被肯定”的感觉，因此他们要去另外一个世界寻找这种感觉。

他讲了一个例子。

他有一个女病人，是那种生活比较悲惨的人，她的婚姻非常不幸。她一直渴望着被爱，渴望得到性的满足，渴望拥有一个孩子，渴望能够获得较高的社会地位。然而，现实摧毁了她所有的希望。她的丈夫不爱她，从来没有对她说过一句赞美的话，甚至于都不愿意和她一起用餐。这个可怜的女人没有爱、没有孩子，更没有社会地位，最后她疯了。

不过，在另一个世界里，她和贵族结婚了，而且每天都会生下一个小宝宝。说到这儿的时候，那位医师说："坦白地说，即使我能够治好她的病，我也并不会去做，因为现在的她，比以前快乐多了。"

如果当初她的丈夫能够喜欢和赞赏她的话，如果当初她身边的人能够真诚地赞赏她的话，那么她根本不会疯。因为能够在现实生活中得到的东西，就没有必要到另一个世界去寻找。

人的生命只有一次，任何能够贡献出来的好的东西和善的行为，我们都应现在就去做，因为生命只有一次。

你和我没有什么不一样，男人和女人也没有什么不一样。因此，女士们，请你们一定要记住，待人处世最重要的一点就是发自内心地、由衷地、真诚地赞赏和喜欢他人。

不要争论不休

不知道各位女士是怎么看待争论不休的，但争论的后果最终只有三个：

（1）不会有任何结果；

（2）只能使对方更加坚定自己的看法；

（3）你永远是失败者，因为你什么也得不到。

在卡耐基进行了数千次的辩论以后，他得到了一个结论：

◇ 避免争论的方法 ◇

怎样才能有效避免争论呢？大致可以从以下几方面做起：

真诚对待他人

如果对方的观点是正确的，就应该积极地采纳，并主动承认自己观点的不足和错误的地方。

欢迎不同的意见

当你与别人的意见始终不能统一的时候，你应该冷静地思考，或两者互补，或择其善者。

耐心把话听完

每次对方提出一个不同的观点，不能只听一点就开始发作了，要让别人有说话的机会。

避免辩论是获得最大辩论胜利的唯一方法。

多年前，卡耐基的训练班中来了一个名叫苏菲的人。她是一名载重汽车的推销员，可是她从来没有一次成功地将自己的产品推销出去。他试着和她进行了一次谈话，发现她虽然受教育很少，但却非常喜欢争执。不管在什么情况下，只要她的买主说出一丝贬损她的产品的话，她都会愤怒地与人家进行一场争论。她还告诉他，她认为她教会了那些家伙一些东西，只不过她的产品没有卖出去而已。

面对她这种情况，卡耐基没有直接训练她如何说话，而是反过来让她保持沉默，不再与人发生口头冲突。事实证明，他的方法是有效的，因为苏菲如今已经是纽约汽车公司的一名推销明星了。

事实上，每一位女性都是一名推销员，不同的是，苏菲推销的是载重汽车，而女士们推销的则是她们自己。如果女士们想要成功地把自己推销出去，成为受欢迎的人，那么她们必须要做的就是不与人争论。然而，很多女士都不能自觉地做到这一点。她们更加热衷于陶醉在那种与人争论的感觉中，因为在争论之中，不管对方如何的“苦口婆心”，女士们始终会坚持自己的观点。

老富兰克林曾经说：“如果你辩论、争强、反对，你或许有时获得胜利。不过，这种胜利是十分空洞的，因为你永远得不到对方的好感。”

你在与人交往的过程中，你在为人处世的过程中，妄图通过争论来改变对方的想法，这种做法是相当愚蠢的。虽然你也许是对的，或是你根本就是绝对正确的，但是你在改变对方的思想这方面，可以说是毫无建树。这一点，和你本身就是错的没什么两样。

有两个结果摆在你面前，一个是暂时的、口头的胜利；另一个是别人对你永远的好感。不知道女士们会选择哪一个？相信大多数会选择后者，因为这两者你很少能够兼得。

实际上，那些真正成功的人是从来不喜欢争论的。林肯在为人处世上非常的成功，而且他的这一套技巧完全没有性别限制，也就是说对女性同样的适用。林肯曾经重重地责罚过一个年轻的军官，仅仅是因为他与别人产生了争执。林肯狠狠地教训了军官一顿，其中有一句话颇具深意："与其因为争夺路权被一只狗咬，还不如事前给狗让路。不然的话，即使你把狗杀死，也不可能治好伤口。"

巴森士是一位所得税顾问，有一次他与一位政府税收的稽查员争论起来，起因是关于一项 9000 元的账单。巴森士坚定地认为，这 9000 元的账单的的确确是一笔死账，是不应该纳税的。而那名稽查员则认为，无论如何，这笔账都必须纳税。他们两个不停地争论，一个小时过去了，双方谁也没有说服谁。

最后，巴森士决定让步。他决定不再与稽查员进行争论。巴森士说道："我认为，与你必须做出的决定相比，这件事简直微不足道。尽管我曾经研究过税收问题，但我毕竟是从书本上学到的，而你却是从实践中学来的。”

巴森士接着说：“那位稽查员马上站起身来，和我讲了很多关于工作上的事，最后居然还和我讲有关他孩子的事。3天以后，他告诉我，他可以完全按照我的意思去做。这太神奇了！”

其实，巴森士并没有运用什么高超的技巧，他只是避免了与稽查员正面的冲突，这就足够了。因为那位稽查员有自重感，事实上每个人都有，而巴森士越是与他辩论，他就越想满足他的这种自重感。事实上，一旦巴森士承认了他的重要性，他也会立即停止辩论。

第四章

以花开的姿态，迎接生命的阳光

心态决定命运

为什么有些人就是比其他的人更成功、赚更多的钱、拥有更好的工作、更好的人际关系、更健康的身体，而许多人忙忙碌碌最终却一事无成？其实，人与人之间并没有多大的区别。但为什么有些人能够获得成功，能够克服万难去建功立业，有些人却不行呢？

这就是人的心态在起作用。一位哲人说："你的心态就是你真正的主人。"一位伟人说："要么你去驾驭生命，要么是生命驾驭你。你的心态决定谁是坐骑，谁是骑师。"

可见，心态对人的重要性。

心态一般有两种：积极的心态和消极的心态。任何事情都可以从不同的角度去看它，关键看你是积极的还是消极的。比如说有两个业务员，天下大雨，可能有一个业务员会想：现在下这么大的雨，刮这么大的风，即使我去了，客户可能也不在。

但另一个业务员可能想：今天下大雨，刮大风，可能别人都不会去，这样，那个客户肯定有空，如果我过去，他很可能有足够的时间接待我，听我的产品介绍。试想一下：哪个业务员成功的机会会更多一点？显然是后者。

日本有个“水泥大王”叫浅野一郎。年轻的时候，和朋友一起到东京谋生。他们都身无分文，但看到东京的街头有人在卖水时，浅野非常高兴地说：“东京真是个好地方，连水都能卖钱，看来我们要活下去不成问题。”可是，他的朋友却说：“东京真是个鬼地方，连水都要钱，我看我们要活下去很困难。”

“连水都能卖钱”和“连水都要钱”是两种完全不同的心态。态度不同，结果就会两样。最后谁能成功，也就一目了然了。

著名女作家塞尔玛在成名前曾陪伴丈夫驻扎在一个沙漠的陆军基地里，丈夫奉命到沙漠里去演习，她一个人留在基地的小铁皮房子里，沙漠里天气热得受不了，就是在仙人掌的阴影下也有华氏125度。而且她远离亲人，没有人和她说话、聊天。她非常难过，于是就写信给父母，说受不了这里的生活，要不顾一切回家去。她父亲的回信只有两行字，但它们却永远留在她心中，也完全改变了她的生活：

两个人从牢中的铁窗望出去，

一个看到泥土，一个却看到了星星！

塞尔玛反复读这封信，觉得非常惭愧。于是她决定要在沙漠中找到星星。她开始和当地人交朋友，而他们的反应也使她非常惊讶，她对他们的纺织、陶器表示感兴趣，他们就把自己最喜欢、舍不得卖给观光客人的纺织品和陶器送给了她。塞尔玛研究那些引人入迷的仙人掌和各种沙漠植物，又学习了大量有关土拨鼠的知识。她观看沙漠日落，还寻找海螺壳，这些海螺壳是几万年前沙漠还是海洋时留下来的……原来沙漠里难以忍受的环境变成了令人兴奋、流连忘返的奇景。

那么，是什么使塞尔玛的内心发生了这么大的转变呢？沙漠没有改变，是她的心态改变了。一念之差，使她原先认为恶劣的生活环境变为一生中最有意义的冒险。她为发现新世界而兴奋不已，并为此写下了《快乐的城堡》一书。她从自己造的牢房里看出去，终于看到了星星。

一个人能否成功，关键在于他的心态。成功人士与失败人士的差别在于，成功人士有积极的心态，用积极心态来支配自己的人生；而失败人士则习惯于用消极的心态去面对人生，他们空虚、猥琐、悲观失望、消极颓废，最终走向了失败。

用积极的心态来支配自己人生的人，拥有积极、奋发、进取、乐观的心态，他们能正确处理人生遇到的各种困难、矛盾和问题。而那些用消极的心态来支配自己人生的人，心态悲观、消极、颓废，不敢也不去积极解决人生所面对的各种问题、矛盾和困难，只是一味地退缩，失败也就成为必然。

所以说，良好的心态是女人改变命运、取得成功的最好法宝，一个人能飞多高，是她自己的心态所决定的。因此，女性一定

◇ 培养积极心态的方法 ◇

下面是一些成功人士培养积极心态的方法，我们不妨借鉴。

每天说一些让人舒服的话或者是鼓励自己的话，要相信自我激励的作用。

每周读一些励志的好书，直到自己完全领会到其中的道理。

培养自己的服务意识，并试着提高自己的服务质量。一个人越是被别人需要，越容易培养自己的积极心态。

要清醒地认识到心态在决定自己人生成功上的作用：

（1）你怎样对待生活，生活就怎样对待你。

（2）你怎样对待别人，别人就怎样对待你。

（3）你在一项任务刚开始时的心态就决定了最后将有多大的成功，这比任何其他因素都重要。

（4）人们在任何重要组织中的地位越高，就越能找到最佳的心态。你心理的、感情的、精神的环境完全由你自己的心态来创造。

那到底怎样才能有积极的心态呢？

第一，选择好你的目标，即弄清楚自己到底需要达成什么样的结果。

第二，选择好能帮助目标达成的信念。这是因为，信念与态度之间是因与果的关系，信念是因，态度是果，即有什么样的信念，就有什么样的态度。

第三，选择好你的目标，即注意的焦点。也就是说凡事要积极思考，将注意的焦点完全集中在你最终想达到的那个目标上，千万不要放在你不想要或得不到的地方。

有一场篮球赛，最后 2 秒投篮决胜负，但是，投篮的球员却没投中，他们队也就输给了对方。比赛结束后，有记者采访他，问他投篮的时候在想些什么，他说：我当时一直在想：一定要投中，一定要投中。结果，不知怎么搞的，偏偏把球打在了篮筐上。原因在哪里？显然不是他的技术有问题，而是他的心理有问题。因为投篮那一刻他的注意目标不是“投篮”，而是“投中”。

第四，学习成功者的态度。与成功者交朋友，学习成功者的态度、信念、习惯、策略，就是快速成功的最佳策略。今天，你看什么书，跟什么人在一起，可能决定5年后你成为什么样的人。

女人心累人才累

在现代社会里，仅就每天的压力程度而言，女性比男性更辛劳。尤其是在家庭、职业、金钱等方面，女性感到的压力远远超过男性。

压力大的原因，除了社会外界因素，女性自身的心理因素占了很大比重。女性事事追求完美的心态是造成压力感的主要原因。她们对家庭、事业抱有太多的理想，然而现实情况下，紧张的经济状况、繁忙的工作以及不稳定的情感生活，打破了女性太多的幻想，让她们感到恐惧、无所适从。

所以，女人累，主要是心累。心累才是致命的，于是，有人累倒下了，更多的人是疲倦了。工作疲倦，便不思进取，得过且过，庸庸碌碌度过一生；爱情疲倦，那就连带着一切都疲倦了，热情没有了，整个人就倒下了。累，其实就像抗病一样，需要支撑，需要释解。所以，现在流行一个词：减压。为帮助女性减压，有人提出了“不完美”的观点。

1. 不要对丈夫要求太高

聪明女人不会对男人要求十全十美，而且知道在婚姻中最重要的东西是什么。因此，聪明女人从不苛求男人。

（1）不要盯住他的钱袋不放。虽然财政大权由你掌管，但是男人也不喜欢只看重他们口袋里的钱的女人。所以尽管人人都知道钱是好东西，也应该稍加掩饰，不然的话，即便你每日为了柴米油盐辛苦忙碌，也得不到他的好脸色，自己的心情也不会好。

（2）不要盯住他的事业不放。男人的工作再不好也是他的事业，一份工作的好坏只有他自己才能评说，即使薪酬达不到你的要求，也不要整天在他耳边唠叨，那样只会令他心烦，影响双方感情。

（3）不要盯住他的缺点不放。谁都希望自己完美无瑕，但这世界上根本就没有完美的人，所以也不要苛求他完美无缺，要包容一些他的缺点，多表扬一下他的优点，也许这样他才会甘心情愿地洗衣服、拖地、收拾屋子。

2. 找好事业与家庭的支点

女人在婚后才真正进入角色，不再是任性的女孩了，也会更积极地谋求事业的成就，但是家庭本身却会让女人多了很多牵挂，难免会分心。

另一方面公司要求员工必须敬业，工作繁忙，两方面都需要女人花费更多的精力。不同角色的冲突所产生的矛盾，必然会在女人心中形成巨大的阴影。

可以说事业与家庭的矛盾自从女人走入婚姻就已经开始。处理这个矛盾一定要有足够的智慧，既要照顾家庭的需求，安定自己的大后方，也要为事业留下足够的时间和精力。毕竟，只有独立的事业才会有独立的经济基础，才会有独立的人格。

3. 不要对自己要求太高

每个人都有自己的抱负，有些人把自己的抱负定得太高，根本非能力所及，于是终日郁郁寡欢；有些人做事要求十全十美，对自己吹毛求疵，往往因为小小的瑕疵而自责。我们应把目标定在自己能力范围之内，要懂得欣赏自己已取得的成就，不要对自己要求太高，自然会心情舒畅。

4. 不要过分坚持

做大事的人处世总是从大处着眼，眼光长远，只有无见识的人才会揪住小事不放。因此，只要大前提不受影响，在小处有时不必过分坚持，这样可以减少自己的烦恼。

5. 放飞自己

在生活或工作中受到挫折时，应该将烦心事暂时放下，去做一些你喜欢的事，如运动、健身、爬山、睡觉和看电影等，等到心情平静时，再重新面对自己的难题，也许你的思路就会清晰起来，问题也就迎刃而解了。

6. 为别人做点事

帮助别人不但可以使自己忘却烦恼，而且还可以体现自己的价值，更可以获得珍贵的友谊，一举两得，又何乐而不为呢？

7. 专注一件事

研究发现，构成忧思、精神崩溃等疾病的主要原因是人在同时面对很多急需处理的事情时，压力大大而容易引起精神上

◇ 女人缓解压力的有效途径 ◇

女人不是蜗牛，不需要一生都背着重负前行。累与不累，就在于能不能给自己减压。下面就介绍两种有效缓解压力的方法：

1. 找人倾诉

如果把所有的烦恼埋藏在心底，只会令自己郁郁寡欢。如果把内心的烦恼告诉你的知己、好友，烦恼便会减少许多，心情也会顿感舒畅。

2. 发泄情绪

人在生气时，会失去常态，而且变得陌生和可怕。与其事后后悔，不如事前加以控制，把愤怒发泄到其他事情上，如打球、运动或者唱歌。

其实这两种方法说到底都是将心中的压力宣泄出来，无论是说出来还是通过其他方式发泄出来，只要释放了，压力自然就小了。

的疾病，所以女性要注意减少自己的精神负担，不要把自己弄得身心俱疲。

8. 不要处处与人竞争

有些女人心理不平衡，完全是因为她们在各个方面都要与别人竞争，使自己经常处于紧张状态。其实人与人之间的相处，应该以和为贵，只要你不把他人看成对手，别人自然也不会与你为敌。

9. 娱乐

娱乐是消除心理压力的最好办法。娱乐的方式多种多样，最重要的是要令人心情舒畅。

过重的心理压力会导致身心疾病的产生，损害自身的健康，所以，女人要注意调整自己的心态，增强适应能力，学会对各种现象做出客观的分析、正确的判断；在生活中遇到矛盾时不退缩、不逃避、不忧愁、不沮丧，树立起战胜困难的信心和勇气，注意调整自我，以达到心理上的平衡，使自己始终保持良好的心理状态。

积极的心态塑造女人迷人的个性

俗话说："人如其面，各有不同。"生活中，每个女人都有其独特的个性特点，有的性情温柔，有的脾气火暴，有的谈笑风生，有的沉默寡言。正是因为有了各异的性情，女人才拥有了万种风情，但绝大多数女性都有一个共同的期盼：拥有迷人的个性。所谓迷人的个性，说白了，就是能吸引人的个性。那么，怎么才算有迷人的个性呢？

如果你温柔可人、乐观自信，而又通情达理、自尊自爱，具有极强的自制力，你就是一位拥有迷人个性的现代女性。这些迷人的个性要如何塑造呢？最重要的一点就是要拥有积极的心态。

积极的心态，是无论在任何情况下都应具备的正确心态。

积极的心态是具有吸引力的个性。它会影响你说话时的语气、姿势和面部表情，它会修饰你说的每一句话，并且决定你的情绪感受，它还会对你的思想产生影响。

拥有积极心态的女人敢于面对生活和工作中的任何挑战，面对的困难越大，她们的斗志越高。

拥有积极心态的女人从不唉声叹气，从不愁眉苦脸。她们始终坚信，明天会更好。

拥有积极心态的女人不目空一切、高傲自大，她们善解人意，有极强的团队精神。

为了拥有积极的心态，你可以在生活中常常暗示自己：我一定可以获得幸福，我的能力很强，我能做好这件事。你也可以用这些提示语暗示自己：

我相信自己能够做到，我就可以做到。

我生活的每个方面，都会一天天变得更好。

现在就做，便能使异想天开的梦变成事实。

我觉得健康，我觉得快乐，我觉得很好。

如果你能一直这样暗示自己，就能日渐乐观、日渐自信并日渐快乐。

那么，什么样的心态才是积极的心态呢？

1. 决心

决心是最重要的积极心态。

决心，表示没有任何借口。改变的力量源自于决定，人生就注定于你做决定的那一刻。

2. 企图心

企图心，即对达成自己预期目标的成功意愿。

人人都想成功，但要想成功，仅仅希望是不够的。大部分人都希望自己成功，而不是一定要成功。他们对成功的企图心不是那么强烈。一旦遇到瓶颈，要做出牺牲时，他们就会退而求其次，或者干脆放弃。

所以，要成功，你必须先有强烈的成功欲望，就像你有强烈的求生欲望一样。

3. 主动

被动就是将命运交给别人，消极等待机遇。凡事都应主动，被动不会有任何收获。

4. 热情

没有人愿意跟一个整天无精打采的人打交道，没有哪个上司愿意去提升一个毫无工作激情的下属。一事无成的人，往往表现的是前三分钟很有热情，而成功是属于最后三分钟还有热情的人。成功是因为你对你所做的事情充满持续的热情。

5. 爱心

内心深处的爱是你一切行动力的源泉。

缺乏爱心的人，就不可能得到别人的支持，失去别人的支持，离失败就不远了。

没有爱心的人，不会有太大的成就。你有多大的爱心，就决定你有多大的成功。

6. 学习

现代社会的核心竞争力，已经发展为学习力的竞争。信息更新周期已经缩短到不足5年，危机每天都会伴随我们。所谓逆水行舟，不进则退，是因为对手也在学习，也在进步。唯有知道得比对方更多，学习的速度比对手更快，才可能立于不败之地。

7. 自信

什么叫自信？自信不是你已经得到了才相信自己能得到，而是还没有得到的时候就相信自己一定能得到的一种态度。

8. 自律

自律就是要克制人的劣根性。不能自律的人，迟早要失败。很多人成功过，但只是昙花一现，根本原因就在于他们缺乏自律，忘记了自律。

自律，是人生的另一种快乐。

9. 顽强

成功有三部曲: 第一, 敏锐的目光; 第二, 果敢的行动; 第三, 持续的毅力。用你敏锐的目光去发现机遇; 用你果敢的行动去抓住机遇; 用你持续的毅力把机遇变成真正的成功。

10. 坚持

假使成功只有一个秘诀的话, 那就是坚持。有一句名言: 凡事只要你成为专家, 一切都会随之而来。只要你坚持, 就一定会成功。

职业女性如何保持心理健康

社会的进步, 科技的发展, 使人们追求高质量生活和个人发展的愿望越来越强烈。因此, 生活和工作的节奏不断加快, 竞争日益激烈, 心理压力增大, 尤其是职业女性面对家庭和事业的双重压力, 心理问题也就越来越多。健康的心理对人们尤其是女人的工作、生活和幸福是非常重要的, 当女性认识到这一点时, 就会主动关注自己的心理健康。

什么样的心理才是健康的呢?

1. 情绪稳定乐观

情绪稳定乐观是女性心理健康的主要标志, 是指人能适度地表达和控制自己的情绪, 具有乐观向上的生活态度。人都有喜怒哀乐, 不愉快的情绪必须释放出来, 才能达到心理上的平衡,但不能发泄过分，否则，既影响自己的生活，又加剧了人际矛盾，于身心健康是无益的。这并不是说心理健康的人没有情绪低落的时候，而是说他们的积极情绪多于消极情绪，而且他们的喜怒哀乐等情绪处于相对平衡的状态。

2. 人际关系和谐

心理健康的人，能信任和尊重别人，设身处地地为他人着想，也能以恰当的方式让别人理解自己。因而，无论她在什么样的公司工作，和公司或部门的同事关系都很融洽，对双方父母和家庭其他成员也很亲近。

当然，并不是说她与别人没有任何矛盾，而是在发生矛盾时能积极主动地、有效地去解决矛盾，建立良好的关系。

人际关系中，有正面积极的关系，也有负面消极的关系，而人际关系的协调与否，对人的心理健康有很大的影响。

3. 正确地认识自我

正确认识自我，即要知道自己的优点和缺点，对优点能积极地去发扬，对不足能自觉地去完善；不因为有优点而骄傲自大，也不因为有不足而自卑；为弥补自己的不足而努力不懈，为自己取得的成功而愉快乐观。

能够充分了解自己，对自己的能力做出恰如其分的判断。

4. 热爱学习、生活和工作

心理健康的人在任何时候都热爱生活，感到生活非常有意思；爱学习，把学习看作是生活中必不可少的一部分；爱工作，按时上下班，富有创造性地去工作，努力完成工作任务，把工作看作是一种乐事。

5. 生活目标切合实际

能够为自己制订符合实际情况的生活目标，如果生活目标定得太高，必然会产生挫折感，不利于身心健康。

6. 与外界环境保持接触

人的需要是多层的，保持与外界的接触，一方面可以丰富精神生活，另一方面可以及时调整自己的行为，以便更好地适应环境。

7. 保持完美个性

女人个性中的能力、兴趣、性格与气质等各种心理特征必须完整、和谐，能力方能得到最大的施展。

8. 具有一定的学习能力

现代社会知识更新很快，为了适应社会的需要，就必须不断学习新的知识，使生活和工作都能得心应手，少走弯路，以取得更大的成功。

9. 行动自觉果断

心理健康的人做事都有明确的目的，果断地做出决定，并且始终如一地贯彻自己的决定，从不轻易地改变。

10. 有限度地发挥自己的才能与兴趣爱好

人的才能和兴趣爱好应该充分发挥出来，但才能与兴趣爱好的发挥要有一定的限度，不能妨碍他人利益，不能损害团体

◇ 造成女性心理异常的两大原因 ◇

在现代社会，心理健康的问题日渐凸显，很多人都开始出现一些心理异常现象。那么，作为女性朋友，是什么造成了她们的心理异常呢？

1. 感情与家庭的变故

有些人因为感情受挫和婚姻变故产生心理障碍甚至是不理性的过激行为，给双方造成难以弥补的伤害。

2. 快节奏的生活和工作

生活节奏加快、工作忙碌而机械，不少职业女性情绪长期紧张而又不善于放松调整，也是导致心理异常的一个原因。

健康的心理对人们的生活和工作十分重要，对于女性而言更是如此，因此，女性朋友们必须要重视自己的心理健康问题。

利益，否则，会引起人际纠纷，徒增烦恼，无益于身心健康。

那么，在充满竞争的现代社会里，如何才能扬长避短，保持心理健康呢？

第一，应该对竞争有一个正确的认识。有竞争，就会有成功和失败。但关键是正确对待失败，要有不甘落后的进取精神。

第二，对自己要有一个客观的恰如其分的评估，努力缩小"理想的我"和"现实的我"的差距。

知人虽难，知己更难。自我认识的肤浅，是心理异常形成的主要原因之一。

有些女性对环境过分依赖，对自己的能力没有做出正确的判断，经过竞争中的多次失败，由此认为："你行，我不行。"于是束缚自我、贬抑自我，结果焦虑剧增，以致最后毁了自己。

还有些女性能够对自己的动机、目的有明确的了解，对自己的能力有适当的估价，从不随意说"我不行"，也不无根据地说"不在话下"。她们对自己充满自信，对他人也深怀尊重，她们认为在认识自己的前提下，是没有什么不可战胜的，最后她们取得了成功。

接受现实的自我，选择适当的目标，寻求良好的方法，不随意退却，不做自不量力之事，才可创造理想的自我，避免心理冲突和情绪焦虑，使人心安理得，获得心理健康。

第三，面对现实，适应环境。

心理健康的职业女性总是能与现实保持良好的接触。她们能发挥自己最大的能力去改造环境，以求外界现实符合自己的主观愿望；在力不能及的情况下，她们又能另择目标或另找方法以适应现实环境。

在现实生活中，职业女性应有“走自己的路，让别人去说吧”的精神，若总是人云亦云、随波逐流，便会失去自主性，焦虑也就由此产生。所以无论做人还是做事都必须有自己的原则。

另一方面，职业女性也应该注重朋友的忠告。自以为是、我行我素，只会落得形影相吊、无人理睬的境地。如果一个人的想法、言谈、举止、嗜好、服饰等，总是与别人差别太大，或与现实格格不入，又如何能获得心理健康呢？

第四，结交知己，与人为善。

乐于与人交往，和他人建立良好的关系，是职业女性心理健康的必备条件。拥有良好的人际关系，可以得到帮助和获得信息，从而促使自己不断进步，保持心理平衡、健康。

第五，努力工作，学会放松。

工作的最大意义不限于由此获得物质生活的报酬，而是它能表现出个人的价值，获得心理上的满足，能使人在团体中表现自己，提高个人的社会地位。

合理地安排休闲放松的时间，经常改换方式，郊游、聚会、参观展览等，也可参加一些社会性的活动，使节假日更为丰富多彩，以恢复体力、调整脑力、增长知识、获得健康。

保持开朗乐观的心境

你是一个乐观、容易满足的女孩吗？在任何逆境面前都能保持愉快乐观的心境吗？即使命运甩了你一个耳光，你也能保持沉静优雅吗？即使别人让你心烦意乱，你也还能够积极乐观、心情开朗吗？如果你就是这样的人，那非常好，因为研究显示，开朗乐观的性情能够帮你渡过任何艰难困苦。美国哈佛大学的一份研究说，快乐的关键是：幽默、关心他人、自我控制、引导释放激情、事先规划。下面教你怎样快乐。

改变态度

快乐是一种认识。毕竟，两个不同的人会对完全相同的情形产生迥然不同的情感反应。尽管这大部分都是从父母那儿学来的（快乐是别人教的，而不是天生的），但是什么时候改变态度都不会太晚。改变态度需要的只是一点儿有意识的努力，注意事物光明的、好的一面，而不是糟糕的一面就行了。

忘记中彩票

很多人都坚定地认为，只要他们中了彩票，找到了自己的白马王子，某一天早上醒来突然就变瘦了、苗条了，某一天出名了，或者所有这些好事一下子全部发生在自己身上，他们就会快乐起来。如果你也是这样想的，那就值得注意了，百万富翁并不比拿最低工资的人笑得多。快乐是一种内在的思维倾向，尽管外部因素会影响我们的思想状况，但持久的快乐却来自你处理生活的方式，而不是生活给你带来了什么。

◇ 让自己乐观一点 ◇

乐观的人更能体会人生的美好，而不会被负面的情绪所侵蚀，那么，怎样才能让自己保持乐观呢?

不要把自己的生活与他人的生活相比

快乐不是要所有的人齐头并进，而是选择一种生活，这种生活充满了让你感到快乐与满足的事。

多接触大自然

累了、心烦了就多出去走走，接触大自然，感受自然的宁静、安逸，自己的心态就会慢慢发生改变。

快乐其实很简单，只要自己用心体会，用心发现，就会感觉到生活的美好，进而拥有乐观的心态。

增加快乐的理由

我们都有自己快乐的理由。有些人看到蓝蓝的天、阳光明媚就会感到很高兴；有些人一放假就会很开心；还有些人呢，听到别人称赞自己就乐开了花。如果你很少感到快乐，那就需要增加快乐的理由了。你在等待重大的事件发生，以改变你的生活吗？果真如此，那就开始从小事中感受快乐吧。

不要只看到事物阴暗的一面

愤世嫉俗、只看到事物阴暗的一面不会使你变成一个更有深度、更有学问的人。更重要的是，痛苦难受不会使任何糟糕的事情有所好转。

学会对所拥有的事物心存感激是快乐生活的关键。想要得到更多的东西，努力地争取更好的事物，希望事情有所改善，这些都无可厚非。“要心存感激”，这听起来有些像父母的警告，但这是要你明白，只有这样，你才能变得快乐。

改变自己

大部分人都会说：“江山易改，本性难移。”他们对一个人改变自己的能力完全持怀疑的态度。然而，事实上，大多数人都想将过去踹到一边，做一个崭新的自己，为什么不呢？尽管本性难改，但是人们总是处于变化之中的。不但身体上在发生改变，精神上也在变化，而且是以他们选择的方式在改变。

你也许会想：为什么要费这份心呢？一个充分的原因就是，变化可以给你整个人生带来惊喜。如果你不开心、厌倦了生活、感到很痛苦或者厌倦了自己，改变一下自己会使你受益匪浅。这让你不再总是不停地冥思苦想，不再总是对着朋友唉声叹气。下面教你怎样做。

弄清楚要改变什么

在我们不开心的时候，经常就认为我们的整个生命就是对时间和精力的浪费。我们想，要是我们在一个远离尘嚣、荒无人烟的沙漠上就好了，因为那样就可以做真正的自己了。现实是，如果不尝试改变，即使远离人群，你也很难找到自己。当你谈论改变的时候，其实是在谈论做一些不同的选择，让生活更开心一些，更充实一点。这是关于生活方式的选择，关于与谁在一起的选择，关于健康、工作，甚至是思想倾向的选择。

不要让创伤支配你

研究显示，我们总是在受到创伤的过程中或者受到创伤之后发生变化，如：一颗为了爱情而破碎的心、一段沮丧的日子、丧失了一位亲人，甚至是得了一场大病。不要让这些成为促使你改变的唯一动因。许多时候，人们陷入困境，后悔莫及，都是因为太仓促草率了。在对他人做任何看起来有些鲁莽的事情之前，先停下来想一想，咨询一位你信任的朋友，问问他（她）的建议。

记住：好事情也会使你改变。成功和爱也会改变你的生活，就像合适的工作、理想的城市，甚至是一本不起眼的书都会改变你一样。所以要问问自己：如果可以拥有一切，什么是立刻就会改变你的事，那就立刻做这件事。

你可以现在就改变

改变不一定是一个要花很多时间的过程，有时候改变瞬间就可完成。然而，改变却是一个不断进行着的过程。在这个过程中，目标应该经常在改变。开始，可以按喜好的顺序将你想改变的事情列出来。将第一个要改变的事放在首位，把今天要做的3件事写到最上面，让这个改变启动起来。下一步要做的就是，为这个变化增加后援，确保每天都为这个目标做一些事。例如，如果你想减肥，保持身体健康，那就每天都做一些运动，以增强这样的思想：你正在改变，今天的你和昨天的你已经不一样了。

维护自尊

感觉自己什么事都做不好，没有吸引力，太胖了或者太瘦了（即使每个人都不这么认为），难道你认识的人都比你聪明、机智，都比你有魅力？对自己评价过低会让你的生命失去许多精彩，会让你沮丧，让你希望自己是另外一个人。自尊心本质上是你在内心深处怎样看待自己、对自己说什么、怎样尊重自己、你会做什么来满足自己的需要。幸运的是，你什么都没有丢失，因为寻找自尊心从来都不会太晚。下面教你怎样做。

◇ 提高自我评价，维护自尊心 ◇

自尊，顾名思义是要求女性要自己尊重自己，而想要尊重自己首先要提高自我评价。

每天多称赞自己

可以称赞自己任何事情，如今天在工作中解决了一个难题。

学会接受夸奖

别人夸奖你的时候，你不知道该怎么回答吗？其实，你只要说声“谢谢”就够了。

提高自我评价可以让女性更加有自信心，从而更加尊重自己，提升自己的自尊心。

让自己拥有良好的自我感觉

要做到这一点，最好的办法就是首先和具有良好自尊心的人多多接触。这是一些对自己、对自己的生活都感觉良好的人。

他们不会小看自己，但同时，他们也不会到处宣扬自己才华横溢、很了不起。要找到自尊心强的人，可以观察那些既会支持别人，但同时又有信心寻求帮助、咨询别人建议的人。

使头脑中批判的声音平静下去

建立自尊心的窍门就是停止倾听内心深处对自己的批判之声。相反，要用一种支持自己的声音来取代这种批判之声。具体的做法就是去质问正在对自己所说的话。你怎么知道自己就做不了？你为什么要保护自己？最糟糕的情况能有多糟呢？对于这个问题你真正担心的是什么呢？

创造有意义的生活

如果能找到自己在生活中的定位，能积极地欣赏自己的成就，自然就会感觉良好。觉得自己能够胜任一些事情，这种胜任感就能够增强自尊心。所以要学会信任自己，不要为不必要的事而烦恼。

与“己”为善

是的，没有比这更简单的事了。学会与人为善，在自己内心深处与“己”为善，这会慢慢地变成你的第二天性。此外，与人为善比总是恶言相向要容易得多。更好的是，与人为善还有一种后续效应，那就是它不但能增强自尊心，而且还能激活脑细胞，使你更加快乐。毕竟，积极思考的时候是很难感到痛苦的。

第五章

保持终身学习，才能不断精进

智慧是一件穿不破的衣裳

女人可以不美丽，但不能没有智慧，智慧能重塑美丽，唯有智慧能使美丽长驻，能使美丽有质的内涵。人的追求不完全来自外貌，它主要来自人的内在力量。漂亮自然值得庆幸，但并不代表有魅力、有气质。外貌漂亮的确是一种优势，但这个世界上那种天生尤物毕竟为数不多，大多数的芸芸众生都是相貌平平，这些相貌平平甚至有些丑陋的女人所表现的美，就是其内在的品德修养所散发的气质与智慧。

英国作家毛姆曾经说过："世界上没有丑女人，只有一些不懂得如何使自己看起来美丽的女人。"现代女性早已经学会在繁忙和悠闲中积极地生活，懂得如何读书学习，也懂得开发自身的潜能，从而使自己的女性魅力光芒四射。

女性的智慧之美甚过容颜，因为心智不衰，所以超越青春，智慧永驻。"石韫玉而山晖，水怀珠而川媚。"西晋人陆机这样评说智慧之美。

谚语云："智慧是穿不破的衣裳。"衣裳，自然是与风度美息息相关的。

所以，现代女性中注重培养自身风度者，在不断改善自身的意识结构和情感结构的同时，无不特别注重改善自身的智力结构；积极接受艺术熏陶，使自己的风度攫获浓重的智慧之光。

"智慧之美"的魅力，是拥有独立自主的意识状态和自尊自重的情感状态。智慧女性勇于接受来自各方面的挑战，善于从大自然与人类社会这两部书中采撷智慧，从而不再留有"男性附庸"的余味。

富于智慧的魅力，善于对日常应用的思维方式和行为方式进行艺术的提炼。例如，遇人遇事如何运用有效的思维方式，迅速采用最恰当的接待方式，以便使行为方式表现出稳重有序、落落大方的风度。

所以，这样的女人最具魅力：她们聪明慧黠、人情练达，超越了女孩子的天真稚嫩，也不同于女强人的咄咄逼人，她们在不经意间流露着柔美和知性魅力。

很多男人在言语行文中流露出一种对知性女人心驰神往却又可望而不可即的无奈与惆怅，在他们眼中，这种女人人间难求，绝对不是俗物。事实上，"知性女人"同样是食人间烟火的俗人，她们同样离不了油盐酱醋茶，同样要相夫教子。因为只有大俗方能大雅，只有这样才是完美的女人。

◇ 女人智慧美的魅力体现 ◇

具体来说，女人智慧美的魅力主要体现在以下几个方面：

1. 突出的个性

女性的美貌往往具有最直接的吸引力，而后，随着交往的加深、广泛的了解，真正能长久地吸引人的却是她的个性。

2. 丰富的内心

有理想、有知识，是内心丰富的两个重要方面，这是现代女性所必不可少的。知识将使女性魅力大放光彩。除此以外，还需要宽广的胸怀。

3. 优雅的言谈

言为心声，言谈是窥测人们内心世界的主要渠道之一。在言谈中，对长者尊敬，对同辈谦和，对幼者爱护，这是一个知性女人应有的美德。

知性女人的优雅举止令人赏心悦目，她们待人接物落落大方；她们时尚、得体、懂得尊重别人，同时也爱惜自己。知性女人的女性魅力和她的处事能力一样令人刮目相看。

灵性是女性的智慧，是包含着理性的感性。它是和肉体相融合的精神，是荡漾在意识与无意识间的直觉。灵性的女人有那种单纯的深刻，令人感受到无穷无尽的韵味与极致魅力。

弹性是性格的张力，有弹性的女人收放自如、性格柔韧。她非常聪明，既善解人意又善于妥协，同时善于在妥协中巧妙地坚持到底。她不固执己见，但自有一种非同一般的主见。

男性的特点在于力，女性的特点在于收放自如的美。其实，力也是知性女人的特点。唯一的区别就是，男性的力往往表现为刚强，女性的力往往表现为柔韧。弹性就是女性的力，是化作温柔的力量。有弹性的女人使人感到轻松和愉悦，既温柔又洒脱。

真正的智慧女性具有一种大气而非平庸的小聪明，是灵性与弹性的结合。一个纯粹意义上的“知性”女人，既有人格的魅力，又有女性的吸引力，更有感知的影响力。她不仅能征服男人，也能征服女人。

智慧女性不必有闭月羞花、沉鱼落雁的容貌，但她必须有优雅的举止和精致的生活。

智慧女性不必有魔鬼的身材、轻盈的体态，但她一定要重视健康、珍爱生活。

智慧女性兴趣广泛、精力充沛，保留着好奇纯真的童心。

智慧女性不乏理性，也有更多的浪漫气质，春天里的一缕清风，书本上的精词妙句，都会给她带来满怀的温柔和无限的生命体悟。

智慧女性因为经历过人生的风风雨雨，因而更加懂得包容与期待。

智慧女性内在的气质是灵性与弹性的完美统一。

读书的女人永远美丽

有人说：“书，是女人最好的饰品。”因此，无论有多少个理由，作为一个现代女性，一个期待精彩人生的女性，书是一定要看的，而且是看得越多越好。因为书会使你从骨子里提升品位，教你如何做一个知识女人。

红颜易逝，智慧长存

美貌是会随岁月的流逝而消逝的，而智慧则是永存的。聪明机智的头脑和学而不倦的热情，才是真正的无价之宝。

女人的美有两种最基本的划分：一种是外在的形貌美，一种是内在的心灵美。

外在美的女人是自身美的凝聚和显现，它既能给自身以极大的心理满足和心理享受，又能给他人以视觉上的美感，使人赏心悦目。追求外在的形貌美，是女人的本能天性，不应加以禁锢和压抑，而应该从美学上加以积极引导。

内在的心灵美可以给人留下难以磨灭的印象，能引起人内心深处的激动，打下深刻的烙印。内在美驾驭着外在美，是女人美丽的源泉。正因为有了内在美的存在，女人才能真正成为完美的女人，才能让人产生由衷的美感。所以说，内在美比外在美更具有无可比拟的深度与广度。

林清玄在《生命的化妆》一书中说：女人化妆有三层，其中第二层的化妆是改变本质，让一个女人改变生活方式、睡眠充足、注意运动和营养，多读书、多欣赏艺术作品、多思考，可以让女人对生活保持乐观的心态。因为独特的气质与修养才是女人永远美丽的根本所在。

“寂寞精灵”张爱玲尽管貌不惊人，但她那弥漫着旧上海阴郁风情的文章以及她本人非同寻常的爱情故事，使当代人对她的回忆像一坛搁了多年的老酒，越品越香醇。李碧华曾评价她说：“文坛寂寞的恐怖，只出一位这样的女子。”

而现在，由于媒体和广告铺天盖地的宣传，很多年轻的女孩子远离了书籍，且过分注重外表的修饰和打扮，浮躁肤浅的心态扭曲了她们对美的诠释。即便是一夜成名，也会像昙花一现，留给人们的只是一个模糊的影子，用不了多久就彻底消失在人们的回忆里。

因此，注重内在知识的丰富、智慧的修养对现代女性来说是至关重要的。30 岁前的相貌是天生的，30 岁后的相貌是后天培养的。你所经历的一切，将毫无保留地写在脸上，每天智慧一点点，你便是不断地被滋润。红颜易逝，但智慧可以永存。

读书的女人永远美丽

不用教，女人天生懂得爱美，热衷打扮，尤其在现在，铺天盖地的女人用品，各种各样的美容整形手术，令女人可以从头到脚对自己逐一武装。

其实女人不知道，有一秘方可使女人获得永远的美丽，这味药不是水剂不是糖丸，而是我们随处可见的书籍。

没错，书籍是人类的精神财富，书籍更是女人的最佳美容品。读书带给女人思考；读书带给女人智慧；读书会使女人空荡荡的漂亮大眼睛里变得层次丰富、色彩缤纷；读书教会女人在笑的时候笑，在忧伤的时候忧伤；读书还使女人明白自身的价值、家庭的含义，明白女人真正的美丽在哪里。

“读史使人明智，读诗使人灵秀，数学使人周密，自然哲学使人精邃，伦理学使人庄重，逻辑修辞学使人善辩。”培根在《随笔录·论读书》中写出了读书的益处。著名学者王国维曾借用三句宋词概括了治学的三种境界：第一境界，“昨夜西风凋碧树，独上高楼，望尽天涯路”；第二境界，“衣带渐宽终不悔，为伊消得人憔悴”；第三境界，“众里寻他千百度，蓦然回首，那人却在灯火阑珊处”。由此可见，读书学习只有甘于寂寞、不怕孤独、日积月累、持之以恒，才能到达“灯火

◇ 女性应该多读书 ◇

在社会生活中，女性的生存空间比男性的小，所以女性更需要博览群书，以放眼世界。

在广泛阅读的同时，还要善于思考，不盲从也不偏执，这样才能培养丰富和广博的心灵。

另外，读书时不要把范围局限在某一类。男人能看的书，女人都应该看，文学、军事、政治、传记、历史，等等。

书是改变一个人最有效的力量之一。书是使人类从蛮荒到启蒙的捷径，书还是女人修炼魅力之路上最值得信赖的伙伴。做一个爱读书的女人吧，读书的女人才能永远美丽。

阑珊”的境界。

喜欢读书的女人内心是一幅内涵丰富的画，文字可以书写性情、陶冶情操。喜欢读书的女人常常是有修养、有素质的女人。一个女人最吸引人的地方就在于因她丰富的内心世界从而表露出来的优雅气质。“书中自有黄金屋，书中自有颜如玉。”岁月的流逝可以带走姣好的容颜，却无法带走女人越来越美丽和优雅的心灵。书籍，是女人永不过时的生命保鲜剂。

世界有十分美丽，但如果没有女人，将失掉七分色彩；女人有十分美丽，但如果远离书籍，将失掉七分内蕴。读书的女人是美丽的，“腹有诗书气自华”。书一本一本被女人读下肚的时候，书中的内容便化成了营养从身体里面滋润着女人，由此女人的面貌开始焕发出迷人的光彩，那光彩优雅而绝不显山露水，那光彩经得起时间的冲刷，经得起岁月的腐蚀，更加经得起人们一次次地细读。正因为如此，你将不再畏惧年龄，不会因为几丝小小的皱纹而苦恼。因为你已经拥有了属于自己的智慧心灵，有自己丰富的情感体验，你生活中的点点滴滴将会书香四溢。

用你的智慧策划你的幸福

都说女人的一生就是为自己的幸福而不断地追求、奋斗，也因渴求幸福而更加亮丽动人。是的，女人渴求的是幸福，简单而又实在。但是不同的女人对幸福的理解和追求手段不尽相同，而且，随着年龄和环境的变化，女人对幸福的渴求也会跟着变化。那么，女人怎样才能获得自己渴求的，并准备用一生去追求、奋斗的幸福呢？哲人常说：“命运由自己掌握，幸福由自己策划。”也就是说，女人所渴求的幸福，需要女人用自己的智慧来精心策划。

女人的价值体现在工作上，幸福则体现在爱情上。

女人是要自己找幸福的，也就是要成为自己的爱情编导，而不仅仅是被设计成爱情中的一件道具或主演。

女人一定要聪明一点、从容一点、智慧一点，主动出击，找到爱你、你又爱的男人。

策划中，你要注意在6个方面下功夫：

（1）人海茫茫，我是谁的，谁是我的？

（2）漂亮、聪明、温柔、冷艳，什么才是他心中所喜好的？

（3）八仙过海，各显神通，如何让那个男人牵住我的手？

（4）男女都想在爱情中追求理想的投入产出比，我该付出多少？我该得到多少？

（5）爱情的品牌忠诚度在降低，我怎么保证自己这个品牌地位？

（6）极少数人在低价倾销爱情，扰乱了爱情市场的秩序，我怎么让自己的“爱情之舟”不翻船？

策划如果还顺利的话，你还要把握好以下3个方面：

（1）给自己定位准备——我就这么“高”，要找的人只能适合我。

（2）对爱情目标心理分析准确——知道你需要什么，他爱你什么。

（3）策略得力，实施得体——从相识到相知，看似自然，其实却是周密的计划，一步步扎实的实施。

当你按照自己策划的步骤,一步步地寻找到自己的爱情后，接下来还要继续运用你的智慧，让你的丈夫围着你转，让你们的婚姻生活幸福永久。

1. 创造一个他向往的家

作为男人，不管他的工作性质如何，也不管这项工作对他来讲有多大的诱惑力，或者使他多么着迷，总会给他带来某种程度上的紧张感。在他回家以后，如果有个轻松、舒适、整洁、有序的环境和愉快、安详的家庭气氛，使这些紧张与疲惫得以消除，那么他的心理、身体和情感就能得到平衡，他就有更加充沛的精力去迎接更加繁忙的第二天的工作。

要使家庭幽雅、舒适，主要责任在于妻子，作为妻子必须清楚的是,你对家庭的装饰与布置,不要完全从个人的嗜好出发，否则你的一番辛苦会白费。

为男人创造一个他向往的家，让他在家里感到放松、舒适，才是留住男人心的最好方法。

2. 努力增加生活色彩

久居在家，生活难免单调，如果想方设法搞一些户外活动，可以增加不少生活情趣。比如打打网球，去游泳，去郊外踏青、野炊等。在这些活动中，夫妻双方都会有新的表现，比如体力上和生活经验上的表现，新的情感流露等，都可以给对方心理上造成新鲜感。另外，夫妻一起参加某些社会活动，在为人处世、待人接物方面，各自也有不同的经验，双方良好的表现和配合，都可以加强夫妻感情的联系。

3. “妻管严”要松紧适度

很多女性奉行“妻管严”，认为对丈夫应严加监管、以防变故。无疑，很多家庭破裂、爱情变化是源于女性的疏忽，高估了男人的责任心和节制能力，在毫无约束之下，男人一遇到诱惑，便跌进婚外情中，所以不少妻子觉得应对丈夫严加监管，做个“妻管严”。但监管过分，会使男人喘不过气来，觉得家庭如同公司般充满压力。情绪好时或许觉得严妻关怀无微不至，情绪坏时就会觉得受束缚无处发泄，顿生反感，甚至向外以求慰藉。故妻子做“妻管严”，应适可而止，让他自由自在一番，之后再采取紧缩政策，如此一张一弛，刚柔相济，他就会永远在你的掌握之中。

4. 培养丈夫的嗜好

在婚姻关系中，让丈夫有一些完全属于自己的特殊嗜好和兴趣，也是很重要的，如集邮，或是其他任何喜爱的事情，养成一些工作以外的嗜好。如果作为妻子的你能够帮助、鼓励丈夫培养一种有趣的嗜好，就不必担心他对生活感到厌倦了。

5. 分享丈夫的嗜好

适应与分享自己所爱的人的特别嗜好和偏爱，这是夫妻获得美满幸福婚姻的重要因素。

如果整天工作缠身而没娱乐，会使婚姻变得索然无味。如果妻子不顾丈夫的嗜好，或者在家里欣赏言情小说，或者在女人堆里消磨时光，时间一久，你肯定会感到寂寞与孤独，丈夫也因此对你感情淡化，甚至发生感情转移。因此，妻子应当学会分享一些丈夫喜爱的消遣，以增加夫唱妇随的家庭意识。

一些妻子时常抱怨自己的丈夫将大部分周末的时光花在球场及其他娱乐项目上，而没有在家陪妻子。其实，你与其抱怨，使自己心情不畅，不如与他一道享受共同的嗜好，妻子一旦学会了在丈夫的休闲娱乐中得到乐趣，就不会被丈夫撇下不管了。

6. 拥有自己个别的兴趣

男女之间拥有共同的兴趣，固然有它的好处，但是过多的共同点会使家庭生活显得呆板。个别的兴趣能够带来不同的经验，这种经验正是产生新鲜与刺激的源头。谁都希望对方能欣赏、喜欢自己的特点，如果能有些新的体验，那将是极令人兴奋的。培养自己的嗜好，拥有自己的兴趣，可以让丈夫更多地了解你，而不是老从你口中了解别人的妻子。

7. 必须与丈夫同进步

现实生活中，经常会出现这类事例，妻子鼓励丈夫学业进步，

◇ 学会融入男人的生活 ◇

与未来婆婆搞好关系

再成熟的男人在妈妈的面前也会做一个乖小孩。如果你能与未来婆婆搞好关系，你的爱情之路自然一路绿灯通行。

做他的生活管家

男人在外面忙于工作，你可以帮助他整理好自己的衣物用品，避免他在出门的时候因找不到东西而手忙脚乱，让他在看到井井有条的家时总是能够想到你。

成为他的衣着顾问

打造一个男人，当然首先从面子开始。而男人信赖一个女人，也从信赖她的品位开始。

为此一人挑起生活重担，付出巨大代价，但当丈夫学业有成时，常常是悲多于喜，含辛茹苦的妻子最后成了牺牲品，究其原因，未必全是男人的错。男人也知道要感激妻子，但丈夫各方面都有了很大进步，而妻子却原地踏步，没有同步前进，隔膜、距离也就产生了。因此，做妻子的在督促丈夫学业进步时，自己也必须同步前进，否则后果堪忧。

用你的智慧精心策划你的爱情、你的婚姻并能一步步地扎实有效地实施，你就会成为一个令男人爱恋、令女人羡慕的幸福女人。

知识女性与职业选择

工作曾是女人们的梦想，而如今工作已成为现代女性生活中的一件大事，也是构成她们生活的要素。因此，21 世纪的现代女性几乎可以涉足任何一项工作，和男人一样，她们的工作也同样干得漂亮，并能取得与男人一样的成就。

根据自己的性格特点选择职业

选择什么样的职业，就代表选择了什么样的生活。因此，女性根据自己的性格特点和能力专长选择一份适合自己的工作尤为重要。

1. 服从型

服从型的女性喜欢按照别人的指示办事，喜欢让他人对自己的工作负起责任，而不愿自己独立做出决策，适合这种性格女性的职业有秘书、办公室职员、翻译等。

2. 自主型

自主型的女性喜欢计划、安排自己的活动或指导别人的活动。她们在独立的或负有职责的工作环境中会感到愉快，喜欢对未来的事做出决定。适合这种性格女性的职业有管理人员、律师、医生等。

3. 劝导型

劝导型的女性喜欢设法使别人同意她们的观点，而且一般是使用别人能够接受的相对委婉的方式。她们善于交际，说服和劝导他人对于她们来说不是一件难事。适合这种性格女性的职业有行政人员、人力资源管理者、教师等。

4. 协作型

协作型的女性在与别人协同工作时会感到愉快，并善于使别人按照她们的意愿来办事。她们的同事都很喜欢与其共事。适合这种性格女性的职业有咨询人员、高级副手、福利工作者等。

适合知识女性的传统职业

1. 教师

女人天生就具有母性，这种母性使女人在从事教师职业时有着比男人更大的心理优势。如女人的温柔、细心、耐心等特征都是女性从事教育事业的优势。

从事教育事业除在学校任教外，也可以开展多类文化、技能培训，如电脑培训班、英语培训班、特种技能培训班等。

2. 会计、会计师

在西方国家，有两大就业潮流：一是很多男孩学电脑，成为电脑工程师；二是很多女孩学财会，成为财务管理人。在中国，也有很多女性成为非常抢手的会计师。女人天生善于和数字统计打交道，会计业因此成为她们特别擅长的行业。

从事会计业可以开会计事务所、专业财务审计所等。

3. 记者、编辑

在报纸、杂志和图书等出版行业里，女性占有很大的优势。女性记者的身份使她们在采访时比男性记者更有优势，细心还可以使她们成为优秀的编辑。同时，敏锐的直觉判断可以使她们策划出读者喜爱的选题。因此，女性在这个领域具有极大的发展潜力。

女性从事报纸、杂志及图书出版工作，新思想和新观念可以得到充分施展，把它们变为文字和图画，传播到世界上的每个角落；可以携带着摄影机游遍名山大川、踏遍五湖四海。如果感兴趣的话，还可以当一名令人羡慕的女记者，与一些政界要人、企业精英、著名学者常来常往，从中获得丰富的知识。

从事出版业可以做图书出版商、开办图书发行公司等。

4. 服务人员

服务业是十分适合知识女性的一个传统行业，它的范围很广，像饭店、餐馆、旅馆、旅行社等都属于服务业范畴。很多

◇ 适合知识女性的新兴行业 ◇

1. 医生

妇产科的病人越来越认同女医生，专门替宠物打预防针、治病的女性也越来越受到欢迎。另外，心理治疗师、药剂师也特别适合女性。

2. 网络编辑

网络时代的到来，使得网络上的咨询越来越多，因此，网站需要能操作线上新闻的采访编辑、美术设计人员。

3. 卡通漫画设计者

漫画家因卡通片而受欢迎，预期这方面的就业机会10年内将增加20%以上。

成功女商人都是从服务业起步的。

因为女人的直觉判断力很强，她们可以凭直觉了解每个层次顾客的需求。因此，服务业是发挥女人优势的很好选择。

5. 广告人员

如果你设计出的广告作品能得到客户的赞赏，并从客户手中得到更多订单，你就会受到宴请和热情的招待。如果你有这方面的才能，是可以从事这一职业的。

但是有两点必须特别注意：一是你能设计，二是你能制作。这好比一个律师，你既要能出庭为人辩护，同时还要有自己的事务所。也就是说，在广告行业里，你既要做代理人，同时还要有自己的广告公司。广告界是个广阔而又奇妙的天地，也是一个对女性开放的天地。

6. 中介服务人员

新兴的信息服务业是建立在电子信息技术的推广应用基础上的，以信息采集、信息加工处理、信息咨询为主，采取数据处理、预测分析、数据库查询、信息传递、软件、信息技术服务等。

女性大多心思细腻，在这一领域也具有很大的优势。

对于一般从事中介服务工作的女性可以开办人才公司、中介公司、房地产信息公司、技术信息公司、职业介绍所、婚姻介绍所、家政服务公司等。

职场丽人晋升智慧法

女性进入职场后，很快就会发现，女性在职场里晋升非常艰难。在小公司还好些，但一旦进入一些中型企业或者大型企业，工作一段时间后，原来渴望晋升的念头，像被迎头泼了一盆冷水，那些公司里的前辈们，正努力排好队，等着晋升。也就是说，如果你自己也加入到他们的行列中去，那样即使你排个十年八载，也不一定有晋升的指望。

那么，职场中的女性要怎样做才能迅速得到晋升的机会呢？

1. 要具备升职的能力

如果你想升迁的话，现有的能力永远是不够的，假设你是一个普通职员，想升迁到主管位置上，那么，你现在的专业技能显然不够用，你需要具备相应的管理能力，以便管理下属；还需要熟悉相关部门的知识，以便跟它们合作，等等。如果这些能力还不具备，就应该尽快学习，“等升上去再学习”的想法是不现实的，哪个上司愿意将某个职位交给一个暂时还不能胜任的人呢？除非那些任人唯亲的人才会如此。

能力是一把梯子，决定你能爬多高。当然，能力并不是个简单的观念，主要由以下4个部分组成：

（1）知识：具备相关的、已经组织好的信息，而且能够运用自如。

（2）技巧：能将困难或复杂的技术简单化。

（3）信念：对自己完美的表现有信心。

（4）态度：表现出高水准的积极情绪倾向和意愿。

但是，并非所有的能力都有助于你事业的发展，也没有一种能力可以适用于各种职业。所以，寻求新的发展，就意味着

◇ 信任上司 ◇

获得上司信任的人才有机会得到重用。一个连对上司都不信任的人，是不太可能获得提拔和培养的。

有时候你认为你的上司不值得信任，唯一的原因就是，你没有找到上司的优点。

人无完人，只有对上司表现出足够的信任，你才能够宽容地对待上司。

若你能够充分把自己的优点与上司的优点很好地结合起来，那么公司就能够更好地发展，只有在公司发展的情况下，你的晋升空间才会加大。

所获取的能力要满足事业发展的需要。

2. 要掌握职场晋升之道

在职场竞争中，女性很容易迷失自己，当她们发现晋升之路越来越渺茫时，往往就对自己失去了信心。但是，女性要在职场晋升，首先就要对自己有自信。当然，职场里，获得领导的赏识和信任是件不容易的事情。但是，不管你的经验如何，都不要沮丧，只要你认真地做好工作，任何事情都是有转机的。

职业女性如果能获得公司前辈的让步和信任，她的努力就会有结果，不管是素养、能力，还是升职、加薪等，都会得到快速地成长。

当你找到一份工作，自然就会有一个直接上司，这个直接上司，在很大程度上决定着你在公司里的职业发展。所以，不管在什么时候，都要对你的直接上司负责。

每个人都有自身的弱点，不管上司多么优秀，还是知识渊博，也会或多或少地存在一些缺陷。当上司在做自己的工作时，这些缺点往往就会暴露出来，在这样的情况下，当部分员工对上司出现怀疑情绪时，你应该坚决站在上司这一方。但并不需要特意表现出来，你只要设法在工作中，努力把上司的管理漏洞加以弥补。

3. 了解外企女性快速晋升的 6 大要素

（1）有中外教育背景。外企不断对中国本土人才委以重任，与它们对本土人才发展的肯定和认同有关。据调查，外企的本土高层管理人才中，大部分有着高学历，有留学和出国培训经历的占了 90%，外籍华人也有不少。

（2）有出色的特长。做外企员工，你要有价值，人力资源部门选择你，就是因为你有价值，有专长，其会依你所长，把你安排在合适的职位，在这个职位上，你应该能完全胜任工作，如果连本职工作都胜任不了的人,那他肯定是没有什么前途的，等待他的只有被公司淘汰。

（3）有较强的应变能力。优秀的员工通常不满足于现有的成绩和现有的工作方式，而愿意尝试新的方法。未雨绸缪，化被动为主动，才有能力迎接新的挑战。外企是外国公司在中国的分支机构或办事机构，公司管理层的调整和变化、人事变动等都是正常的，是公司为了适应市场竞争的需要，这些变化或多或少会影响你的工作和你的位置，如何保持正常的心态迎接变化、适应变化，是想进外企工作的人要有的最起码的准备，随着你的工作责任增大，适应变化就变得更重要。

（4）有强烈的责任心。完成本职工作是员工的责任，当工作在 8 小时内未完成时，加班更是分内的事。你要热爱自己的工作、自己的职业，也只有这样，公司才会给予你相应的回报。在外企，主动要求给予提升是受鼓励的，因为外企认为，你要求担当一定职务，就意味着你愿意承担更大的责任，体现了你有信心和有向上追求的勇气。

（5）有学习能力。外企认为，一个优秀的员工会利用一切机会学习、吸收新的思想和方法，善于从错误中吸取教训、从错误中学习，不再犯相同的错误。一个不爱学习的人在当今社会是没有前途的，因为，大学所学的知识在工作中只能占20%，80%以上的知识需要在工作中学习，一个人不善于学习，接受不了新的知识、新的技能，也就没有什么潜力可挖，更无发展可言。

（6）有团队协作精神。外企深知个人的力量是有限的，只有发挥整个团队的作用，才能克服更大的困难，获得更大的成功。管理的精要在于沟通，管理出现问题，一般是沟通出现故障，上级要与下级沟通，下级也应主动与上级沟通，部门之间也要沟通，不沟通就会产生隔阂。善于沟通的员工易于被大家了解和接受，也会被公司认可。

做一个快乐的知识女性

知识女性处于女性生活的最上层，她们所享受的生活机遇比一般女性更多、更充分，如受教育的机遇、婚姻机遇、就业机遇、晋升机遇、获取高薪的机遇等，因此，很多人都认为知识女性应该是最快乐的女性。事实上，知识女性的生活现实并非人人如此。究其原因，主要有两点：

（1）知识女性大多是职业女性或事业女性，即使是最好的职位与最成功的事业也免不了给人带来烦恼和困惑，因为处于这个位置的女性，责任更重，挑战性更强。现代社会，科学技术日新月异、思想观念不断解放和发展，这些无疑为知识女性提供了体现自身价值更为广阔的天地，但在知识女性的职业生涯中，有许多无形的障碍：因为你是女性，应聘时可能败于一个素质、能力比你差的男性；因为你是女性，你的工作能力和业绩可能屡受怀疑。女性常常顶着压力加倍努力，付出比别人更多的时间和精力。

（2）知识女性由于具备较高的知识水平，而被人们以为应该追求高尚的事业并取得成功，但是，也不能因此而剥夺她们作为一个普通女性应该享受到的快乐。日常生活中，人人都有心理上、情绪上的低潮和波动，这不仅与个人性格、生理周期、内分泌状态等自身因素有关，而且还非常容易受工作压力、事业坎坷、爱情挫折和家庭不和等外界因素的影响，因此，在现代社会里，有人说，做女人难。其实，做一个快乐的知识女性更难。

那么，怎样才能成为一个快乐的知识女性呢？

首先，要转换角色观念和行为模式，营造良好的心境是知识女性的必修课。心理学家有一个形象的说法：“心境是被拉长了的情绪。”它使人的其他一切体验和活动都留下明显的烙印。“人逢喜事精神爽”，良好的心境使人有一种“万事如意”的感觉，遇事也能冷静对待，使问题迎刃而解；消极的心境则使人消沉、厌烦，甚至思维迟钝。知识女性因为有知识，最能成为快乐心境的主人。

其次，只有健康女性才会拥有持久的快乐人生。关于健康女性，目前还没有一个统一和明确的标准。如按心理学分析，可从心理统计、心理症状和内心体验三方面去认识；按社会学解释，则可以把解决生活中所面临的实际问题的能力作为标准。但是，凡是能正确理解自己的社会角色、正确理解自己所处的社会环境、有能力解决自己所面临的问题、有一定目标并为之努力的知识女性，就一定是健康的女性。

新世纪的知识女性遇上了前所未有的发展机遇。面临新的发展机遇，知识女性的责任更重，压力更大，健康内涵也更丰富。

泰戈尔曾说，当上帝创造男人的时候，他只是一位教师，在他的提包里只有理论课本和讲义；在创造女人的时候，他却变成了一位艺术家，在他的皮包里装着画笔和调色盒。上帝是不存在的，健康需要自己创造。有知识的女性不一定是健康的女性，也不一定有快乐的人生。健康女性应该成为知识女性的质量标准，快乐人生应该成为知识女性追求的人生目标。有了标准，有了目标，只要努力，一定成功。

第六章

别人都在提高财商，你还在研究智商

流动的金钱才能创造价值

很多女性认为，财富的积累需要储蓄，但如果一直储蓄，不思投资，那么钱就成为死钱。你虽然不会为没钱生活而忧虑，但你也永远不能成为亿万富翁。钱就像水一样，只有流动起来了，才能创造更多的价值。

一位理财学者曾这样说过:“认为储蓄是生活上的安定保障，储蓄的钱越多，则在心理上的安全保障的程度就越高，如此累积下去，就永远不会得到满足，这样，岂不是把有用的钱全部束之高阁，使自己赚大钱的才能得不到发挥了吗？再说，哪有省吃俭用一辈子，在银行存了一生的钱，光靠利滚利而成为世界上有名的富翁的？”

“不过我并不是彻头彻尾地反对储蓄。我反对的是把储蓄变成嗜好，而忘记了等钱存到一定的数目时拿出来活用，使它能赚到远比银行利息多得多的钱。还反对银行里的存款越来越多的时候，心里相应地有了一种安全感，觉得有了保障，靠利息来补贴生活费，这就养成了依赖性而失去了冒险奋斗的精神。”

不少人认为钱存在银行能赚取利息，这样就算是对金钱有了妥善的安排，已经尽到了理财的责任。事实上，利息在通货膨胀的侵蚀下，实质报酬率接近于零，等于没有理财，因此，钱存在银行等于是没有理财。

每一个人最后能拥有多少财富，是难以预料的事情，唯一可以确定的是，将钱存在银行只能保证生活安定，而想致富，比登天还难。将自己所有的钱都存在银行的人，到了年老时不但不能致富，常常连财务自主的水平都无法达到，这种事例在现实生活中并不少见。选择以银行存款作为理财方式的人，无非是让自己有一个很好的保障。

通常贫穷人家对于富人之所以能够致富，较正面的看法是将其归之于富人比自己努力或者他们克勤克俭，较负面的想法是将其归之于运气好或者从事不正当或违法的行业。但这些人万万没想到，真正造成他们的财富被远抛诸后的，是他们的理财习惯。因为穷人与富人的理财方式不同，穷人的财产多是存放在银行，富人的财产多是以房地产、股票的方式存放。

一位成功的企业家曾对资金做过生动的比喻：“资金对于企业如同血液于人体，血液循环欠佳导致人体机理失调，资金运转不灵造成经营不善。如何保持充分的资金并灵活运用，是经营者不能不注意的事。”这话既显示出这位企业家的高财商，又说明了资金运动加速创富的深刻道理。

娜妮早年并不富有，甚至生活有些艰难，但即使经济不宽裕，她的母亲总是尽一切力量，给她最特别的款待。无论何时母亲有了额外的钱，她一定会为孩子们买点儿什么。也许为娜妮买一件漂亮的新衣服，或者带她们去看露天电影。由于孩子们通常消耗的只是生活所需，所以娜妮想这也是母亲给自己一些快乐的方式。娜妮认为，她们总是一有了额外的钱就把它花掉，因此她们从来没有多余的钱可以存下来。

当娜妮开始赚到可观的钱的时候，她注意到一些奇怪的现象。即使她的钱够开销，但是似乎每到月底仍然是一毛钱不剩。

多年以前，娜妮想投资置产。她知道她至少需要 3 万美元的现款，但娜妮从没有存过那么多钱。所以她订出一个时间表，想在 6 个月以内存够钱。1 个月要 5000 美元才行。这个数目似乎很遥远，但是娜妮凭着信心就这么开始了。

你家里有没有一个专门放账单的篮子或是抽屉？一个你可能 1 个月会去看一次准备付钱的地方？娜妮有。而她做的是把你称作“增添期款”的新账单放进档案里。每个月 5000 美元的账单看起来似乎很难达成，事实上，在最初一两个月娜妮试着想不理它。不过她还是照计划执行，并且试试看有什么其他方式，可以确保这笔额外的账单可以和其他账单一

◇流动的钱才更值钱◇

攒钱是成不了富翁的，只有赚钱才能成富翁，这是一个简单的道理。

并不是说攒钱是错误的，关键的问题是一味地攒钱，花钱的时候，就会极其地吝啬，这会让你永远也没有发财的机会。

像中国过去那些土财主一样，把银子装在坛子里埋在地下，过一万年还是只有这么多银子。

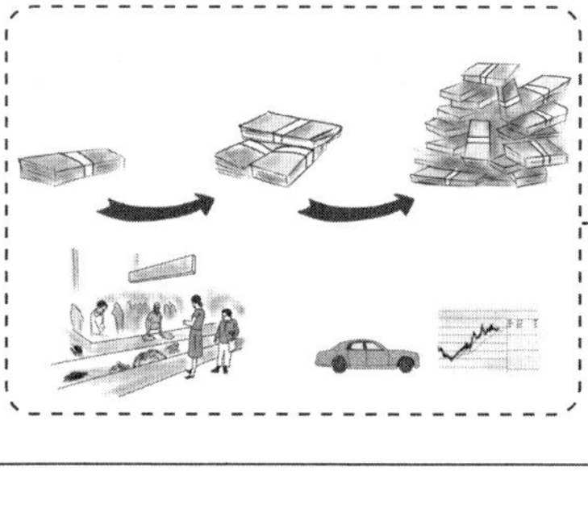

只有让金钱不停地周转流通，财富才能产生。

块儿付清。

一件有趣的事发生了。因为娜妮专心生财并且保住她赚到的5000美元，她愈来愈注意到她常把自己的钱轻率地随处散掉。她也开始留意到一些机会，是她以前没有注意到的。她也想到，她以前在工作上只会投注精力到某个程度，现在由于她必须有额外收入，她就在从事的事上投入多一点儿精力，多一点儿创造力。她开始冒比较大的风险，她要客户为她的服务支付更多的代价。她为她的产品开拓新市场，她找到利用时间、金钱和人力的方法，以便在较少时间内做完更多的事情。借着给她自己称作“头期款”的账单，她加强、放大了她一向就拥有的能力。

人的生命在于运动，财富的生命也在于运动。金钱可以是静止的，而资金必须是运动的，这是市场经济的一般规律。资金在市场经济的舞台上害怕孤独，不甘寂寞，需要明快的节奏和丰富多彩的生活。把赚到的钱存起来，总不如合理地投资利用更有价值，也更有意义。

很多懂得生财之道的人的金钱法则就是：钱是在流动中赚出来的，而不是靠克扣自己攒下来的。他们崇尚的是“钱生钱”，而不是“人省钱”。一个成功商人说：“很多人如果把钱流通起来，就会觉得生活上失去了保障。因此，男人每天为了衣、食、住在外面辛苦工作，女人则每天计算如何尽量克扣生活费存入银行，人的一生就这样过去，还有什么意思呢?

其实，经营者最初不管赚到多少钱，都应该明白俗话中所讲的“家有资财万贯，不如经商开店”“死水怕用勺子舀”这个道理。生活中人们都有这样的感觉，钱再多也不够花。为什么？因为“坐吃山空”。试想，一个雪球，放在雪地上不动，它永远也不可能变大；相反，如果把它滚起来，就会越来越大。钱财亦是如此，只有流通起来才能赚取更多的利润。

从经济学的角度看，资金的生命就在于运动。资金只有在进行商品交换时才产生价值，只有在周转中才产生价值。失去了周转，不仅不可能增值，而且还失去了存在的价值。如果把资金作为资本，合理地加以利用，那就会赚取更多的钱。

因此，奉劝那些储存过多金钱的女性：尽管你家有万金，你还是应该继续努力，而不能“坐吃山空”。从这一古训出发，你可以得到如下启示：既然剩余价值是从货币——商品——货币中流通产生的，那么，为什么不用已有的钱财去投资，而把它死存呢？

当然从事投资，风险是时刻存在的。古人讲：“福兮祸所伏，祸兮福所倚。”盈利是与风险并存的。

在金钱的滚动中，在资本的运动中，发挥你的才智，开启你的财商，你就可能成为新的富豪。

财商决定贫富

对于女性来说，当今的时代给了她们更大的施展空间，她们有更大的自由和更多的优势去获取财富。现在，财商已经成为一个人成功必备的能力，财商的高低在一定程度上决定了一个人是贫穷还是富有。一个拥有高财商的人，即使他现在是贫穷的，那也只是暂时的，他必将成为富人；相反，一个低财商的人，即使他现在很有钱，他的钱终究会花完，他终将成为穷人。

那么财商到底是什么呢？如果说智商是衡量一个人思考问题的能力，情商是衡量一个人控制情感的能力，那么财商就是衡量一个人控制金钱的能力。财商并不在于你能赚多少钱，而在于你有多少钱，你有多大能力控制这些钱，并使它们为你带来更多的钱的能力，以及你能使这些钱维持多久。这就是财商的定义。财商高的女人，她们自己并不需要付出多大的努力，钱会为她们努力工作，所以她们可以花很多的时间去干自己喜欢干的事情。

简单地说，财商就是人作为经济人，在现在这个经济社会里的生存能力，是一个人判断怎样能挣钱的敏锐性，是会计、投资、市场营销和法律等各方面能力的综合。美国理财专家罗伯特·T·清崎认为："财商不是你赚了多少钱，而是你有多少钱，钱为你工作的努力程度，以及你的钱能维持几代。"他认为，要想在财务上变得更安全，人们除了具备当雇员和自由职业者的能力之外，还应该同时学会做企业主和投资者。如果一个人能够充当几种不同的角色,他就会感到很安全,即使他的钱很少。他所要做的就是等待机会来运用他的知识，然后赚到钱。

财商与你挣多少钱没有关系,财商是测算你能留住多少钱，以及让这些钱为你工作多久的指标。随着年龄的增大，如果你的钱能够不断地给你买回更多的自由、幸福、健康和人生选择的话，那么就意味着你的财商在增加。财商的高低与智力水平并没有必然的联系。

在我们的现实生活中，不乏智力水平超群的人。他们的智力条件比一般人的平均智力高得多，通常在大学里属优等生，能轻松拿到硕士、博士学位，且能够成为某一学科或专业中的专家、学者、高级人才。应当承认，这些学有专长的天才们与富翁站在一起比较智力时，前者远远地超出了后者。

然而,我们又不能不承认,在谋取财富方面,智力超群的“天才”的确不及智力水平一般的“富翁”们。富翁并非智力超群者，他们中的绝大多数人在智力条件上与普通人相比是差不多的。他们所想到的创富点子，说穿了一点儿都不稀奇，毫无半点儿高深莫测的意味，似乎任何人都能够想到。可是，一般人往往对近在眼前的财富视而不见，而富翁们的财富头脑却偏偏能在稍纵即逝的瞬间灵光闪现，并把那些机遇牢牢抓住。

富翁们是靠什么创富的呢？靠的是“财商”。

越战期间，好莱坞举行过一次募捐晚会，由于当时反战情绪强烈，募捐晚会以一美元的收获收场，创下好莱坞的一个吉尼斯纪录。不过，晚会上，一个叫卡塞尔的小伙子却一举成名，他是苏富比拍卖行的拍卖师，那一美元就是他用智慧募集到的。

当时，卡塞尔让大家在晚会上选一位最漂亮的姑娘，然后由他来拍卖这位姑娘的一个亲吻，由此，他募到了难得的一美元。当好莱坞把这一美元寄往越南前线时，美国各大报纸都进行了报道。

由此，德国的某一猎头公司发现了一位天才。他们认为，卡塞尔是棵摇钱树，谁能运用他的头脑，必将财源滚滚。于是，猎头公司建议日渐衰微的奥格斯堡啤酒厂重金聘卡塞尔为顾问。1972 年，卡塞尔移居德国，受聘于奥格斯堡啤酒厂。他果然不负众望，异想天开地开发了美容啤酒和浴用啤酒，从而使奥格斯堡啤酒厂一夜之间成为全世界销量最大的啤酒厂。1990 年，卡塞尔以德国政府顾问的身份主持拆除柏林墙，这一次，他使柏林墙的每一块砖以收藏品的形式进入了世界上 200 多万个家庭和公司，创造了城墙砖售价的世界之最。

1998 年，卡塞尔返回美国。下飞机时，拉斯维加斯正上演一出拳击喜剧，泰森咬掉了霍利菲尔德的半块耳朵。出人预料的是，第二天，欧洲和美国的许多超市出现了“霍氏耳朵”巧克力，其生产厂家正是卡塞尔所属的特尔尼公司。卡塞尔虽因霍利菲尔德的起诉输掉了盈利额的 80%，然而，他天才的商业洞察力却给他赢来年薪 1000 万美元的身价。

新世纪到来的那一天，卡塞尔应休斯敦大学校长曼海姆的

◇ 财商的作用 ◇

拥有财商，也就拥有了幸福的人生。具体来说，财商具有以下两种作用：

1. 财商可以为自己带来财富

锻炼自己的财商思维，掌握致富方法，就是为了使自己在创造财富的过程中少走弯路，少碰钉子，尽快成为富翁。

2. 财商可以助自己实现理想

财商理念犹如开启财富之门的金钥匙，用财商为自己创富，就可以实现自己的理想。

财商可以带来财富，可以实现自己的理想，当你成为金钱的主人，可以按照自己的意志去支配金钱，这时，满满的幸福感就会产生，这就是财商的魅力。

邀请，回母校做创业演讲。演讲会上，一位学生向他提问："卡塞尔先生，您能在我单腿站立的时间里，把您创业的精髓告诉我吗？"那位学生正准备抬起一只脚，卡塞尔就答复完毕："生意场上，无论买卖大小，出卖的都是智慧。"

其实，卡塞尔所说的智慧就是财商。

许多亿万富翁在年龄很小的时候就拥有了很高的财商，比如石油大王洛克菲勒。

约翰·戴维森·洛克菲勒的童年时光是在一个叫摩拉维亚的小镇上度过的。每当黑夜降临，约翰常常和父亲点起蜡烛，相对而坐，一边煮着咖啡，一边天南地北地聊着，话题总是离不了怎样做生意赚钱。约翰·洛克菲勒从小脑子里就装满了父亲传授给他的生意经。

7岁那年，一个偶然的机会，约翰在树林中玩耍时，发现了一个火鸡窝。于是他眼珠一转，计上心来。他想：火鸡是大家都喜欢吃的肉食品，如果把小火鸡养大后卖出去，一定能赚到不少钱。于是，洛克菲勒此后每天都早早来到树林中，耐心地等到火鸡孵出小火鸡后暂时离开窝巢的间隙，飞快地抱走小火鸡，把它们养在自己的房间里，细心照顾。到了感恩节，小火鸡已经长大了，他便把它们卖给附近的农庄。于是，洛克菲勒的存钱罐里，镍币和银币逐渐减少，变成了一张张绿色钞票。不仅如此，洛克菲勒还想出一个让钱生更多钱的妙计。他把这些钱借给耕作的佃农们，等他们收获之后就可以连本带利地收回。一个年仅 7 岁的孩子竟能想出卖火鸡赚大钱的主意，不能不令人惊叹！

在摩拉维亚安家以后，父亲雇佣长工耕作他家的土地，他自己则改行做了木材生意。人们喜欢称他父亲为“大比尔”，大比尔工作勤奋，常常受到赞扬，另外，他还热心社会公益事业，诸如为教会和学校募捐等，甚至参加了禁酒运动，一度戒掉了他特别喜爱的杯中之物。

大比尔在做木材生意的同时，不时注意向小约翰传授这方面的经验。洛克菲勒后来回忆道：“首先，父亲派我翻山越岭去买成捆的薪材以便家里使用，我知道了什么是上好的硬山毛榉和槭木；我父亲告诉我只选坚硬而笔直的木材，不要任何大树或‘朽’木，这对我是个很好的训练。”

年幼的洛克菲勒如同一轮刚刚跃出地平线的旭日，在经商方面初露锋芒。在和父亲的一次谈话中，大比尔问他：

“你的存钱罐大概存了不少钱吧？”

“我贷了 50 元给附近的农民。”儿子满脸的得意。

“是吗？ 50 元？”父亲很是惊讶。因为那个时代，50 美元是个不算小的数目。

“利息是 7.5%，到了明年就能拿到 3.75 元的利息。另外，我在你的马铃薯地里帮你干活，工资每小时 0.37 元，明天我把记账本拿给你看。这样出卖劳动力很不划算。”洛克菲勒滔滔不绝，很在行地说着，毫不理会父亲惊讶的表情。

父亲望着刚刚12岁就懂得贷款赚钱的儿子，喜爱之情溢于言表，儿子的精明不在自己之下，将来一定会大有出息的。

在我们周围，大多数人陷入赚钱、失败、再寻找出路的怪圈中不能自拔，最主要的是没有真正学到关于金钱方面的知识。一般人每天的工作，大多是拼命地劳动挣钱，日复一日。他们聪明，才华横溢，受过良好的教育以及很有天赋，而对大脑经济潜能的开发几近于零。有些人的挣钱原则其实极为简单：稳定的工作压倒一切，而善于运用智慧、发挥财商的人则有远见得多，他们认为不断地学习才是一切。他们懂得“鸡孵蛋、蛋生鸡”的“钱生钱”理论。

作为女性应该有这样的决心，那就是摒弃对金钱的恐惧和贪婪之心，让金钱为人工作，而不是像有些人那样成天生活在争取加薪、升迁或退休后的政府养老金的劳动保护之中。从这个角度而言，高财商的人不讳言金钱，却让金钱牢固地生根发芽直到逐步壮大，这种对挣钱所特有的激情和对金钱运转的眼光决定其成功的道路。

克服对损失金钱的恐惧

在投资领域，没有谁会愿意损失金钱，但在人的一生中，很难遇到一个从来没有损失过金钱就成为富翁的人。对损失金钱的恐惧确实是存在的，每个人都会有这种恐惧心理，男人有，女人也有；穷人有，富人也有。但是相比来说，女人对损失金钱的恐惧更为严重一些。在投资活动中，她们宁愿选择低利率的储蓄也不愿意选择高回报的投资。如果你想成为一个富有女人，就必须克服对损失金钱的恐惧心理。

对损失金钱的恐惧本身并不是一个问题，问题在于你如何处理恐惧心理，如何处理金钱损失问题。富有的女人和贫穷的女人之间的主要差别在于她们处理恐惧心理的方式不同。

对损失金钱感到恐惧是正常的，在涉及金钱时表现出一定程度的怯懦也是正常的，即便如此，你仍然有机会成为一个富有女人。在生活当中，一个人不可能每件事都做得十分好。他可能在某些方面是英雄，但在另外一些方面却是懦夫。比如，一个急救室的护士小姐看到流血的病人时，能够飞快地冲上去救治，但是，大部分人看到流着鲜血的人时绝不会跑上去，而是会躲在一边。

如果你对损失金钱感到担心，你就需要早点儿动手积蓄属于你的金钱。如果你年轻时就养成储蓄的习惯，那么你就很容易致富。虽然储蓄不是最好的致富方法，但是从20岁开始储蓄与从30岁开始储蓄的人之间，确实存在巨大的差异。

如果你没有很早就开始储蓄，又该怎么办呢？你怎样来应对损失金钱的恐惧心理呢？

没有理财知识的人在这方面什么也不做，只会一味地回避这个问题，并拒绝对之进行讨论。而具有理财知识的人则恰恰相反，他们会以乐观的态度对待生活中的不幸，包括损失金钱。如果真的损失金钱了，那就做一个快乐的损失者。

很多女人不能致富的原因在于，对她们而言，损失金钱所造成的痛苦远远大于致富所带来的乐趣。得克萨斯人还有一句谚语：“人人都想上天堂，却没有人想死。”可是如果一个人不死，又怎么能进入天堂呢？这就如同很多人都梦想着成为富翁，却害怕在投资过程中损失金钱一样，所以他们永远进不了财富的“天堂”。

32 岁的莫莉从波士顿到凤凰城去探访她的朋友，她的朋友及其丈夫都是投资家，她对他们经营的股票和房地产非常有兴趣。当时凤凰城房产的价格非常低，朋友夫妇花了两天时间，为她介绍了一个获取资本收益的极好途径。

莫莉的朋友调查了附近社区的单元房情况，并给一家房地产公司打电话，希望那家房产公司将一套单元房卖给莫莉。那套两居室的城镇住宅售价为 4 万美元，但是在这附近的其他地方，类似的单元房要卖 6 万美元。莫莉找到了一笔廉价交易，于是很高兴地买下了房子并回到了波士顿。

但两周以后，她就反悔了。因为她回去之后把这件事情对邻居说了，而她的邻居认为这是一笔糟糕的交易，认为她支付的价格太高了，并且会有损失金钱的可能。邻居说中了莫莉的要害，她确实害怕投资失败，自己辛苦赚来的血汗钱会付诸东流，于是她取消了这笔交易。

◇如何克服投资过程中的恐惧心理◇

要想致富，你就要克服对可能损失金钱的恐惧心理。只有不害怕失败，不害怕遭受损失，你才能更好地把握每一个致富机会，最终成为一个富有的女人。

1. 增强个人的投资知识，扩大自己的视野，提高对风险的预见能力。

2. 提高自己的心理素质。比如，模拟投资过程中的危险情景，并对之进行有针对性的训练，形成对风险情景的预期心理准备状态。

做到了以上两点，就可以战胜紧张和不安等不良情绪，在投资过程中提高自己的心理承受能力和适应性，增强信心和勇气，克服恐惧心理。

两年后，凤凰城的房价开始上升。一套小单元房的租金达到每月 1000 美元，冬季时高达 2500 美元。当时莫莉看中的那套单元房的价格已经涨到 10 万美元了。而她当时需要投入的全部资金只有 5000 美元，因为那套房屋可以分期付款。

未经证实的怀疑和恐惧使莫莉丧失了一次绝好的致富机会，她为此后悔不已。很多女人在致富的过程中，都会像莫莉一样因为有害怕损失金钱的心理而使一次次的致富机会从身边溜走。

你只有克服了可能损失金钱的恐惧心理，才可能在致富的路上走得更好、走得更远。即使真的失败了，投资的金钱损失了，你只要克服了对可能损失金钱的恐惧心理，就能坦然接受损失并将它变成收益，最终成为赢家。

做投资者，不做投机者

投机指根据对市场的判断，把握机会，利用市场出现的差价进行买卖并从中获得利润的交易行为。通俗地说，投机就是投资机会，投机者如果发现没有机会就不进场交易，如同打猎时猎人看不见猎物绝不开枪一样。投机者投资的目的很直接，就是为了获得差价利润。但是，投机是有风险的。

投机者热衷于短线交易，持仓一般不过夜，借暴涨暴跌之势，通过炒作牟取暴利，少数人一夜暴富，而多数人一夜破产。为什么会有这样的结果呢？因为投机者在投资的时候不够谨慎，一切全靠运气。

投机者主要涉足股票、基金、期货和其他投资领域。他们喜欢使用“老练的”投资技术，虽然参加游戏，却不知道谁是真正的玩家或由谁来制订游戏规则。他们是没有一点儿技术水平的投资者。当有人问他们投资取得了怎样的收益时，他们总是含糊其辞地说“不赔也不赚”。事实上却是他们已经赔了钱，而且是很大一笔钱。这种类型的投资者 90% 以上的时间是在赔钱，但是他们从来不谈及自己的损失，只是记得很早以前“赚”来的那一笔钱。他们总是认为自己很聪明，不认为仅有的几次成功是依靠运气；他们在投资问题上过于懒惰，宁愿整天在家看电视也不愿意学习有关投资的知识；他们总是在希望中等待着一笔大交易，然后挣大量的钱。但是实际上，这对很多投机者来说只是个梦想。

当然，投机也有成功者。乔治·索罗斯和安德烈·科斯托拉尼就是其中的佼佼者。乔治·索罗斯是一个哲学家，运用独到的哲学理念建立了他的投机理念，并成功实施。而安德烈·科斯托拉尼可能还不太为投资者熟悉，但他才是一个真正的投机大家。乔治·索罗斯是运用他的投机理念来指挥一个专业团队做投机；而安德烈·科斯托拉尼却是国际资本市场上的一个独行侠，他所依靠的就是与生俱来的投机天赋。人们认为安德烈·科斯托拉尼是一个投机的天才，他欣然接受并引以为傲，说他能够“闻到钱的气味”。

乔治·索罗斯和安德烈·科斯托拉尼两个人都是伟大的投机家，在常人看来，他们都是“怪人”或“天才”。一个成功的投机者一定是一个天赋和智商都极高的人，他们的成功之路是不可复制的。但是，很多常人却都在模仿天才，想和他们一样成为成功的投机者。尤其是当前A股市场行情火爆，每个人都做着“不可能完成的投机任务”，想快速地从中赚大钱，而不愿意下功夫去做一些基本的投资研究。因此，这些人很难取得投资上的成功。

与投机者相对的是投资者，与投机者热衷短线投资不同，投资者看好有潜质的股票作为长线投资，既可以趁高抛出，又可以享受每年的分红，股息虽不会太高但稳定持久。投资者用于投资的时间并不多，他们通常采取保守的长期策略，这种策略正是彼得·林林或沃伦·巴菲特等投资家所推崇的。

投资者会十分清楚地列出长期计划，并通过该计划达到个人的财务目标。在开始投资之前，他们会投资于自身教育。一个真正的投资者都非常注重自身的教育，他们的资产就是他们的头脑，这是他们所控制的强有力的工具。这使得他们的周期性投资在任何时候都能最大限度地获取收益。

如果你还不是一个投资者，那么你要做的就是尽快成为一个投资者。而成为投资者要做的第一件事就是，制订一个计划。

首先，你要控制你的消费习惯，遏制不必要的消费欲望，最小化你的债务和负债。与此同时，你也要尽可能地增加收入，

◇ 如何成为一个成功的长期投资者 ◇

怎样才能成为一个成功的长期投资者呢？这恐怕是很多想进行长期投资的人所关心的问题，下面是对于这个问题的建议：

1. 放弃那些复杂的投资，使投资简单化。很多富豪都非常保守，平衡性很好的财务习惯使得他们长期富有。

2. 试着通过小额交易进入投资领域，不要再等待大额交易——你的第一笔投资只需要很少的钱。

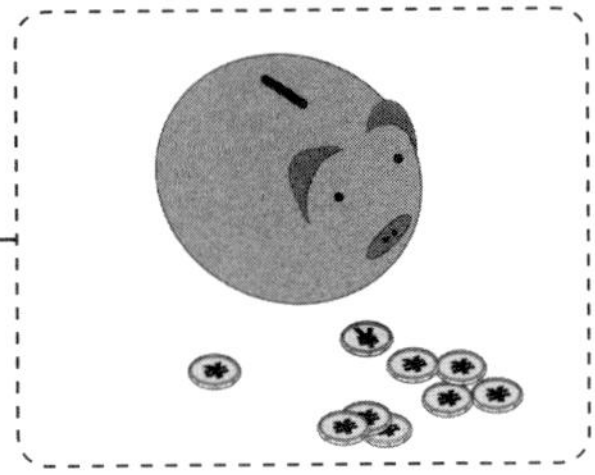

从今天开始，从现在开始，不要等待，制订一个计划，开始亲自管理你的钱。你等待的时间越长，你最宝贵的资产——无形并且无价的资产（学习的机会、时间等）就浪费得越多。

并弄清楚每月将有多少钱用来投资、用多长时间按实际回报率获得收益，这样才能最终实现你的财务目标。

其次，有了长期计划，你就会减少你的消费，并且把一笔钱（定期的）存放在一个绩效最好的开放式基金上。只要你及时开始并时刻监督自己的行为，你就为自己获得财务自由打下了一个良好的基础。

避免掉入投资陷阱

在某个鸡尾酒会上，Jack 从口袋中掏出一张千元大钞，向所有的与会者宣布，他要将这张千元大钞拍卖掉。拍卖规则如下：大家相互竞价，以 50 元为单位，到没有人再加价时，由出价最高的付给 Jack 他所开出的价码。出价第二高的人，虽然无法获得千元大钞，但是仍然需要将他所开出的价码如数付给 Jack。

这个“以钱买钱”的拍卖会，立刻吸引了大家的兴趣。开始时大家还都很谨慎，“50 元”“100 元”“150 元”“200 元”地喊出竞价，当价码抬高到“500 元”时，很多竞价者退出了，只剩下三四个人还在竞价。当竞价喊到“900 元”时，只剩下 Sawyer 和 Hugo 在那里相持不下了。

当 Sawyer 喊出“950 元”时，Jack 挥一挥他手上的千元大钞，暧昧地看着 Hugo，于是 Hugo 不假思索地脱口而出：“1050 元！”

这时会场里起了一阵小小的骚动。Jack 得意地看着 Sawyer，等待着他加价或退出。Sawyer 咬一咬牙说：“2050 元！”人群里起了更大的骚动。Hugo 摆一摆手，退出了这个疯狂的拍卖会，众人也都松了一口气。

结果，Sawyer 付出了 2050 元竞拍到那张 1000 元的钞票，而 Hugo 则白白地付出了 1050 元。最终是两个人都损失了 1050 元。

这个游戏是耶鲁大学经济学家苏必克发明的，拍卖钱的人几乎每次都能从拍卖会中“赚到钱”。它其实是一个投资陷阱，每一个参与竞价的人都会在这个陷阱里越陷越深，不能自拔，最后付出的代价都远远地超出了他们的想象。

人们在投资的时候，很容易掉进陷阱中去。因为那些骗你的人都精心布置了一个诱饵，诱你上钩。他们不停地向你吹嘘如果投资某一只股票，你将会获得如何巨大的收益等。一旦买了他们所推荐的这些垃圾股票，你就会发现这些股票的价值在一路下滑。此时如果你想退出，他们又会极力地劝说你，股市有落就有涨，你只要耐心等待，就一定会赚钱。而你呢，此时虽然发现自己掉入了一个陷阱，不能全身而退，但是同时也想把投进去的钱赚回来，所以就会投入更多的钱。这样你越想摆脱陷阱，反而会越陷越深。因为你已经投资过多的钱财了，你想避免更多的损失，想以此证明自己是有投资能力的，所以你就会期望以再增加投资摆脱困境，而这样做的结果往往会使你损失更多的金钱。

因此，在投资的时候，你一定要时刻保持警觉，避免落入像“千元大钞”之类的投资陷阱中去。而要避免落入投资陷阱中，你就需要了解在投资市场上到底都有哪些陷阱，这样你才能知道自己的投资是不是中了别人的圈套。一般说来，投资陷阱有以下几种：

利用互联网散布流言

在互联网上不需要任何成本，就可以将流言散布给成千上万的投资者。

操纵股价

骗子们给那些非常廉价的垃圾股票套上美丽的光环，让每个投资者看了都想买入。投资者的买入促使股价飙升，操纵者趁机将低价买入的股票抛出，获得高额利润。当他们手中持有的股票卖得差不多了，他们就会停止对这只股票的吹捧，股价自然也就直线下跌。

零风险投资

一些公司会大肆宣扬说，它们将投资高新技术或者快速增长的朝阳行业（如电子网络、生物工程等），这些投资将为公司带来高额利润。但是等你买了股票，它们却迟迟没有动静。

离岸投资

骗子们会热情地向你介绍一家在国外上市的公司，并吹嘘这家公司很快就能获取巨大利润，如发现石油或突破技术难关、

◇ 如何规避投资陷阱 ◇

投资市场上的陷阱很多，在投资的时候，一定要仔细甄别。那么，究竟怎样做才能规避这些陷阱呢？

1. 不要相信小道消息

投资者要对投资情况有自己的把握和判断。对于网上的消息和骗子们散布的流言要仔细分析，确认一下这些消息的可靠程度。

2. 在投资之前多了解

不要一听别人宣传某个项目有很好的发展前景就急着去投资，一定要在认真考察之后再做出决定。

总之，只有在投资的时候，不盲目、不随大流、有自己的分析与判断，才能避免掉入投资陷阱中去。

研发出新的专利产品等。等你的钱离开国境后，他们马上就消失得无影无踪。其实，他们所说的那家公司只是在国外注册的一个小公司而已，根本没有上市，甚至根本就没有这家公司。

向成功者学习消费

大多数还没有致富的女人对于百万富翁都有着相同的幻想，在她们的想象中，百万富翁应该拥有雍容华贵的服饰、高档时尚的手表以及其他可以显示富翁地位的物品。一位信托部的副总经理在与10位百万富翁进行小组集中访谈时发现，事实与大多数人的观点南辕北辙，相差甚远。这位信托部的副总经理掩饰不住心中的疑惑：这些人看起来不可能是百万富翁。他们的穿着打扮不像百万富翁，他们的饮食习惯也不像百万富翁，他们的举手投足更不像百万富翁。那么真正的百万富翁到底是什么样子的呢？

一位35岁的得克萨斯人拥有一家经营组装大型内燃机的公司，但是他还驾驶着已经使用了10年的福特车。他穿着牛仔裤和鹿皮衬衫，住在中下层居民区一所普通的房子里，与乡下邮递员、消防队员为邻。

但是，他在财富上却取得了巨大成就。这位得克萨斯人是这样告诉采访他的记者的："（我的）公司看起来并不像规模宏大的公司，我也从来不以富豪自居。当我的英国搭档第一次见到我的时候，他们都认为我是公司里的一个卡车司机。当时他们把我所有办公室里的每一个人都找遍了，就唯独没有留意到我。后来，他们中间的一位长者说：‘啊，我们忘了我们是在得克萨斯州。’”

很多人都认为从一个人开的车就可以看出这个人的身份地位，那么，上面的故事告诉我们，这样的说法并不可信。有这种想法的人没有留意那些百万富豪们，不管是男性还是女性，他们中绝大多数人没有驾驶时下最流行的新款豪华进口轿车，只有少数的百万富翁会选择驾驶进口轿车，驾驶豪华进口轿车的百万富翁更是少之又少。难道是他们买不起吗？当然不是。

百万富翁在手表上的花费相当于中等水平，无论是女性还是男性，他们都不倾向于购买劳力士镶钻表之类的昂贵手表。在他们看来，手表就是用来看时间的，而不是用来炫耀财富和身份地位的。

现在你可以看出百万富豪们的生活方式和消费方式了吧，他们都是节俭一族。而那些挣钱比百万富翁少得多的人却会花大钱购买名车、名表，在他们看来，富裕的外表远比富裕本身更加重要。这其中当然也包括很多通过疯狂购物获取心理补偿的女人。她们希望获得重视和被人夸奖，当售货员对她们殷勤备至以及大加赞美她们的时候，她们就会毫不犹豫地买下那些衣服。最后，花很多钱买来的昂贵衣服都成了毫无生气的物品默默地躺在衣柜里。因为她们只是希望通过高档的物品提升个

◇ 女人可以省钱的项目 ◇

很多女人在购物的时候总是存在冲动的行为，造成很多不必要的浪费，比如下面的这两项消费女人完全可以更多地节约一下：

服装费

聪明的女士都知道，宁可挑一两件质地好又不容易过时的服装，也不要选购“仅在这个季节流行”的服装。

美容费

如果想省钱，可以自己动手做保养，对比专业美容店，每月可省下几十元至几百元不等的费用。

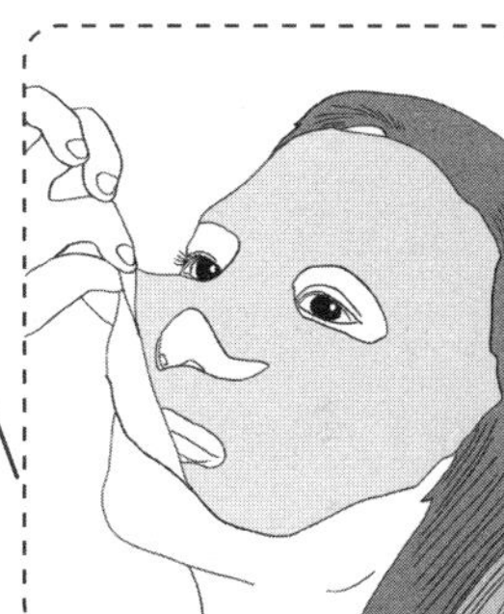

节约并不是一朝一夕就能做到的，而是不断改变自己的消费行为，多多地节制自己的浪费行为，这样用不了多久，你也可以做到理性消费了。

人档次，认为每增加一件高档物品就意味着个人价值的一次提升。但是，这些昂贵的衣服根本就没有用武之地，因为名贵的衣服与她们周围的环境格格不入。

现在我们来看看富人是如何购物的吧。当一位富人看上一辆价值大约 10 万美元的汽车，而他的朋友也劝他买下时，富人会这样回答："我不会花费 100 万美元去购买一辆汽车。""不是 100 万美元，是 10 万美元。"朋友回答说。富人的解释非常有意思："但对我而言，那就是 100 万美元。如果这 10 万美元不是用来购买汽车，而是用来投资，我会在 10 年之内赚到 100 万美元的。"

富人在消费的时候通常把支出扩大计算。他们思考问题的方式是：如果不花掉这些钱而将它们用于投资，会有怎样的收获。

与此相反，那些没有资产的人倾向于通过把支出缩小，把大钱化为小钱。他们眼里看到的不是 10 万美元的车价，而仅仅是 1800 美元的月供。这么一大笔开销被轻轻地带过，这就是没有资产的人进行缩小计算的妙处。

很多女人在花钱的时候，都有一个很突出的特点：乐观。这个特点经常导致她们对自己的私人理财工作欠缺考虑。她们总是坚信，自己能够在未来获得更高的收入，因此能够更好地生活。同时，还有一部分人把未来获得更高收入的希望寄托在丈夫的身上。

富人在消费时总是极力避免消费品的"闲置"浪费，而大部分女性常常买下暂时不用的东西。在衣服反季销售的时候，她们往往会花几百元甚至上千元购买一件裘皮大衣，而这往往要过几个月才穿得上。买回来的衣服长期闲置，使一笔可观的资金不能参与投资活动或家中急需的消费活动。还有很多妈妈会以高昂的价格为自己的孩子买一辆高档童车，但是孩子在3岁以后基本上就用不着童车了。所以为童车支付的费用越多，童车闲置后造成的浪费也就越大。

人们可以为自己描绘美好的未来，但是物品的消费、账户上数字的减少、消费债务的增加却是不以人的意志为转移的。如果女性都能像百万富豪那样，拥有自觉的消费意识，那么积累一定的财富其实并不是太难的事情。但是真正能够做到这一点的女性却是少之又少，因为女性总爱自觉或不自觉地在经济方面相互攀比。要想成为一个富有女人，你就必须像富人那样节俭，像富人那样消费，不要为了所谓的虚荣而进行个人承受能力之外的消费。

攀比心理要不得

虚荣和攀比之心凡人皆有，而女人更甚，尤其是三四个女性结伴购物的时候，这种心理就表现得更加充分。由于虚荣心理作怪，盲目攀比之心便应运而生。女性购物本来就很冲动，不够理智，如果在虚荣和攀比心理的刺激下去购物，就更加不理智了。

赵娜今年28岁，在一家对外经贸公司工作。平时，赵娜与公司里几个谈得来的同事形成了一个关注时尚、经常集体去购物的小圈子。同样的时尚圈子在她们公司还有好几个，并因此形成了暗自攀比的局面：如果另一个圈子的同事穿了一件新买的名牌服装，赵娜她们必然也要穿上新买的名牌服装，几个圈子就这么攀比来攀比去。她们这样做，最开心的当然是那些卖名牌服饰的商家了。

但是，赵娜她们可就惨了：刚发的工资不到半个月就花去一半多，有时候为了攀比，还要动用银行卡里的钱。其实，她们买某些东西也只是为了挽回所谓的“面子”。为了攀比买回来的时尚衣服，有的一年也穿不了几次。结果，花费巨资买来的衣服总是挂在柜子里，并且一些昂贵的衣服在平时还需要干洗、保养等，即便是放着不穿也要为它花费。这样算下来，赵娜她们的时尚衣服不仅占用了大量的流动资金，而且要花费不少保养费，真是花钱买“面子”啊。因此，她们银行账户上的钱越来越少。

像赵娜这样为了虚荣而盲目攀比、疯狂购物的女性是单身还好，至少她们是一人吃饱全家不饿，并且自己挣多少花多少，花的是自己的。但如果是已婚女人，自己挣不了那么多，还硬要与人家比，那可就让丈夫头疼不已了。

李先生的太太就是这样的女人。李先生的岳父大人70岁大寿时，身为总经理的大女婿送了一块高级劳力士手表，自己开公司的二女婿呈上了 1 万元的现金，而李先生的贺礼只是价值 2000 元的保健品。李先生的妻子知道后，脸色立刻晴转多云。李先生知道自己的妻子又犯“病”了，就偷偷地从桌子底下去拉她的手，没想到她铆足了劲踢了李先生一脚。李先生说：“我妻子什么都好，就有一个毛病——太爱面子、太虚荣了，总爱与人攀比。比如，她的好友给孩子买了一架钢琴，她不管我们的儿子对钢琴有没有兴趣，就也要买一台更上档次的钢琴摆在家里。市面上流行的首饰、衣服，不管是否适合她，她一定要拥有。现在，她又迷上了换手机。唉，作为一个公务员，有这么一个爱慕虚荣、无端攀比的妻子，我真不知道该怎么办才好！”

已婚女人对重大的社会新闻通常是充耳不闻，但她们却非常关注自己周围的事情。像李太太这样的女性很多，看到邻居家买了一台跑步机，她就会想：“难道我家没有你家阔气吗？我一定要买一台超豪华型的。”看见中意的时装，第一天的时候还能忍痛割爱。第二天如果在街上看到别的女人已经穿在身上，真是光彩照人，她就感觉很难受。到了第三天，她一定要去把那件时装买回来不可。“别的女人能有，我凭什么不能有？”这几乎是所有女性消费者的共同心态。

女人是城市里一道亮丽的风景线，如果没有女人之间的争奇斗艳，风景又怎会亮丽呢？所以，商家也在大肆宣传：女人就是天生的购物狂，购物就是女人的天职。于是，那些本来有

◇ 女人攀比购物的危害 ◇

爱慕虚荣、盲目攀比是不少女人，尤其是一些追求时尚、追求美丽的年轻女人消费时存在的通病，这会造成十分不利的后果：

1. 因为虚荣盲目攀比，没有任何财务预算就疯狂消费，只会造成丈夫精神上的紧张，引起夫妻间的矛盾，影响正常的家庭生活。

2. 就算你是单身，这样无节制的攀比消费也会影响你个人的投资理财目标。有时无节制的购物不仅让你存不住钱，还可能会透支消费。

所以，女性在消费的时候，一定要根据自己的实际需要量力而行，不要有攀比心理。这样你口袋里的钱才能够升值，你也就能够早日实现财务自由，成为一个富有的女人。

些犹豫的女性在这样的口号的号召下也大开“杀戒”了。而这其实是商家为了促销，为了赚女人的钱而喊的口号。女人，不管怎么样，一定要根据自身的经济条件和财务目标进行消费。

不为省钱而花钱

有两份同样价格的咖啡摆在你的面前，一杯是 100 毫升的杯子里装了 90 毫升咖啡，看上去快要溢出来了；另一杯是 150 毫升的杯子里装了 100 毫升咖啡，你会选择哪一杯？大多数人都会选择前者，而实际上后者更为上算。很多时候，女性并不像她们想象得那样理性，尤其是在消费的时候。很多女性看到特价商品、折扣商品都会买回去，认为这么便宜的东西自己如果不买，就吃亏了。于是乎，她们为了省钱而花钱。

恋爱时，最让韩文受不了的就是陪女友逛商场、逛超市了。累得要死不说，开销总是很大。在各种各样优惠的诱惑下，女友每次总是选购一堆并不需要或并不实用的商品，让他很头痛。但女友却说，这些东西很便宜，不买就错过了好机会，这样一来就吃亏了。但是，买回去的东西不是不实用就是根本用不到：衣服的款式或花色不喜欢、鞋子有点儿小了……

在平安夜那天，他们一起去逛商场，女友买下了一件 600 元的名牌外套，放弃了另外一件款式、质地类似的 500 元的外衣，原因仅仅是前者打的是对折，后者是 8 折。在韩文看来，不管打几折，600元就是比500元多出100元来；而在女友的眼里，买下那件打对折的衣服就等于节省了600元钱。

在现实生活中，有韩文女友这种消费习惯的女人很多，她们总是为了所谓的省钱而多花了不少冤枉钱。观察一下超市收银处,总能看见不同年龄段的女人推着满满一车商品等着付款。这其中，不乏各种各样的特价优惠商品。“因为比原价便宜得多，所以多买就是多赚，不买就赚不到了”的想法印证了心理学家们的结论：女人们在做决策时，并不是去计算一件商品的真正价值，而是根据它能比原来省多少来判断。面对特价的诱惑,很多女人认为只有把这些特价品买回去才算是占到便宜了，而买回去的东西不是很久才用上就是根本用不着。她们纯粹是为了省钱而消费，而不是为了现实需要而消费。

为什么打折商品、特价商品对女人有着无法抵挡的诱惑呢?因为很多女性爱贪便宜，只要能够占到便宜，她们往往会义无反顾。于是商场或小商贩们纷纷使出了“忍痛大削价”“免费赠送”“巨奖销售”等各种各样的招数，遍街林立的专营“特价商品”“品牌折扣”的商店也应运而生。在女人看来，不管是一只发卡还是一件内衣，只要能够省钱，有甜头可吃，她们就会毫不犹豫地打开钱包。

还有很多女性，看到便宜的东西就有买回家的冲动，尤其是衣服。其实，买便宜的衣物未必省钱，投资回报率高的衣服才是值得买的。一般说来，一件衣服的穿着频率越高、时间越

◇ 真正省钱的三种方式 ◇

只买生活必需品

快节奏的生活让很多人家里的生活用品越来越多，全套算下来也是一笔很大的开支，所以省钱的办法就是买那些必需的生活用品。

避开“包月”陷阱

有时候一些包月的收费项目并不像我们想象的那样会替我们省钱，在消费之前，一定要了解这个项目所涵盖的内容。

避免购物错觉

有时候你会很高兴地以7.5折的价格买下一件高档的礼服，但是在买之前你也要考虑好，你是否有机会穿上它。

久和其他衣服的搭配度越高，它的“投资回报率”也就越高。例如，一套150元的时髦短裙，如果只穿一个月就因不再流行而不穿的话，就算每周穿一次，一个月共穿了4次，穿一次的成本是37.5元。而一件900元的精致裙装可以穿3年，每年穿一季、每季每周穿一次的话，一共可以穿36次，穿一次的成本是25元。前者的穿着成本还要高一点儿，穿衣品质却远远不如后者，所以后一件衣服更划算。在你买衣服的时候，不要为了贪图便宜而买下一件衣服，而要挑选适合自己的、投资回报率高的衣服。

女性消费者在选择商品的时候，应该选择相对固定的目标作为比较对象，而不要选择商家提供的可变价格。一定要小心抵制优惠的诱惑，千万不要一看到打折、优惠就冲动购物，买回本来不需要的商品。总之，买东西时一定要“三思而后买”。

第七章

职场不要低水平的勤奋，需要高阶的努力

选择理想的职业

如果有一天你早晨醒来，发现自己一直辛辛苦苦地在自己讨厌的行业工作着，对这个行业一点儿兴趣都没有，赚到的钱也微乎其微，那么一定要仔细想想你这一生到底想要做什么，这对你会大有益处的。当然，在一个理想的世界，你一觉醒来就会知道自己想要做什么，但现实是对大多数人来说，引领他们走向理想职业的不是发自内心的召唤，而是一种选择。想开心地做你的工作吗？下面教你怎样做。

现实一点

30 岁了还想成为电影明星？对不起，这是绝不可能的。然而 16 岁起就一直在音像商店工作，现在想成为一名作家或者奥斯卡奖得主？这尽管不常见,但有人这样成功过。更有可能的是：砖匠变成医生，商店女售货员变成老师，从一个一无所长的人变成一名企业家。这就是发现自己热爱的事业的第一步：要扬

长避短，但又要对自己的优势、弱点和目标有着现实的理解。

想一想在生活中你热爱什么

这是找到理想职业的关键。如果你所热爱的碰巧是实实在在的东西，如电脑，那你就可以立刻做出决定了。如果不是实实在在的东西，那就发散一下思维。如果你喜欢在室外活动，那就可以考虑环境保护和园艺工作。热爱音乐吗？那就把自己训练成为一名广播制片人，或者在唱片商店学习管理。喜欢购物吗？那你就可以做时尚连锁店的采购员。热爱体育运动吗？那你就可以做一名体育老师或者个人教练。

一步一步地朝着目标奋进

你的事业不会一天就成功。如果想一蹴而就，那你不但会在失败的时候失去动力，而且还会从一个想法跳到另外一个想法。生活中许多事情要取得成功，就要制订一个简单而有策略的计划，每天做一点点。考虑一下训练、资金、学徒期和工作经验，然后再投入到实际的行动之中。

找一个工作指导人

这个人是一个现在已经在从事你理想职业的人。如果能见到他们,那你可以向他们请教一些你关心的问题！如果见不到，找一找有关资料，看他们是怎样做到的，看看你能从他们的经验中学到什么。

你的个性属于哪一类

不知该怎样回答这个问题？根据心理学家的说法，智力总

◇ 选择理想职业时要注意的三件事 ◇

给自己一个时限

如果想成为一名记者，但是已经被拒绝了 140 次，已经等了 8 年了，那就该停下来重新审视一下自己的目标了。

同时做两件事

想成为一名作家，但是又要糊口。并非只有你一个人如此。很多人白天做一份工作，到了晚上才去追逐自己的梦想。

不要听别人的打击之言

生活中充满了愤世嫉俗的人，他们也许会告诉你说，你绝不会成功。真正重要的是你自己相信你能成功。

共有 6 种类型，尽管这 6 种智力因素中每一种我们都有，但我们确实会更倾向于某一种类型，这能帮助指引我们找到正确的方向：

内省型智力：这种人自信，有主动精神，适合自主创业。

语言型智力：这种人擅长语言交流，非常适合从事广告业、做记者、当老师。

视觉型智力：这是一种空间智力，这种人适合从事设计业、建设建筑业方面的工作。

人际型智力：这种人擅长团队工作，非常适合从政、当老师、做管理人员。

身体型智力：这种人身体敏捷，协调能力好，适合从事健身、建设、体育方面的工作。

数学型智力：这种人擅长逻辑推理，适合从事银行业、科学研究、电脑业方面的工作。

面试前要做好准备工作

你要留给别人的印象应该是干净朴实、低调。

如果你已经给对方留下了极好的印象，并得到了面试机会，你应该怎么样进行准备呢？

1. 做好调查工作

对于即将成为你上司的人而言，没有什么比在面试中看到应聘者显得愚钝无能、对公司一无所知更让他觉得懊恼的了，所以要尽自己最大可能地去了解有关公司、产品以及人事的一切信息，即使是用网络去搜寻公司的相关信息。如果那是一家杂志社，那么看一下该杂志的刊头，这样你就会清楚要与你见面的人是谁以及他或她在行政管理系统中的地位；如果是其他类型的公司，那么就上网浏览一下高级官员的名单以及其他信息。如果你是面试官，你会等不及地想把一个愚钝无能、对公司一无所知的人推搡着赶出你的办公室，但你会很高兴为那些做好了功课的人解答。你也很乐意向他人学习，只要别人提的意见是有根据、有见地的，而且是客气地提出来的。

2. 注意着装仪表

如果你面试时嚼着口香糖，穿着运动鞋和皱皱的夹克，头发乱糟糟地跟刚从床上爬起来一样，那么一切都说明了你对这份工作毫不在乎。即使你手头拮据，在两样东西上是绝不能吝啬的：鞋子和手提包。当人们从头到脚打量你时，他们通常都是从脚开始打量。

当然，最重要的还是要穿上一套能充分散发你由内而外的自信的衣服。

3. 以低调、随和的方式展现自信

不要在面试时露乳沟，喷很浓的香水。不管未来的老板是男是女，深 V 字领的衣服或者太紧的衣服在面试时都不适合。因为你无从知道桌子或者会议室圆桌对面的面试官是否对某种

◇ 面试前的注意事项 ◇

1. 足够的简历备份

多带几份简历前往面试，显示你准备得充分，细节决定成败，这样可以给用人单位留下好印象。

2. 要提早到

一定要准时，包括预先给可能发生的意外留下时间，所以尽量提前到达。

3. 尊重遇到的每一个人

一定要对每一个你接触的人都彬彬有礼，因为你碰到的不知道是谁，每个人对你的看法对面试来说都可能是重要的。

香味过敏。真正有自信的人，他们表现自信的方式是很自然的，而且他们的举止和外表是绝不会矫揉造作的。

4. 不要过分引起他人对你的注意

有自信的人不需要搞任何噱头，她们不需要用深色的口红、大胆的装饰品以及夸张的发型以试图引起他人的注意。面试时最好穿黑色、灰色、白色、深蓝色、浅棕色或者清淡柔和颜色的衣服；不要穿有圆点图案的、条纹的或者任何有失庄重的衣服，像淡黄绿色或者亮橙色的衣服也不宜穿。总之，任何会贬低你身份或者太过流行的服饰都是绝对被排除在外的。

如果想穿上一套不贵但又能与贵的相媲美的衣服，你就有必要去一趟裁缝店，清楚地告诉裁缝你要一条普通的直筒裙或者一件典雅的夹克。裙子的下摆一定要在膝关节处：稍短一点儿就会看上去不够职业，再长一点儿又会显得单调过时。不要戴那些大个的、沉重的、会发出声音的首饰，但一定要经常戴手表。当然，戴一两件珠宝首饰或者其他配饰也是没有问题的，这样倒能显现出自己的个人风格。但是，千万不能戴得太多。一对假的钻石耳环只要 20 美元左右，却的确能让人看起来典雅动人。最重要的是，在关键时刻你能表现出齐心协力的决心，并愿意挺身而出承担任务。

5. 准备应付所有可能发生的事件

面试当天早点儿到场，这样才不会感到筋疲力尽，至少不会让自己看起来很疲惫。如果有需要，你还得留出时间去洗手间梳妆整理一下。如果碰上糟糕的天气，而你又不得不穿靴子，那一定要带上一双可换的鞋子。不要穿高跟鞋，因为摇摇晃晃地走在办公室里并不能显示你工作的沉稳性，反而相反。如果你找的工作是金融业或者法律业的，那么一般而言都应穿高雅的矮跟女鞋或者不露脚趾的凉鞋。当然，如果你要进入的是一个需要发挥自己创造力的领域，比如时尚界、娱乐界，那么你就可以无所顾忌地穿上露脚趾的鞋子。当你进入面试房间时，把你的外套和包都存放到等候区的衣柜里，这样你就可以一手挎着文件夹进去面试，同时伸出另一只手与面试的人握手。把那种大的、皱皱的肩包或者极小的钱包留在家里，千万不要在面试时用。

抓住面试的机会

没有人会想雇一个只能充当办公室家具的人，雇主需要的是你的思维和才能。

1. 轻松进入面试房间

进入面试房间时，不要无精打采的或者耷拉着肩膀，好像整个世界的重量都压在你身上一样（你甚至可以在面试的前一天，在镜子前练习走路和坐的姿势）。然后与面试官亲切地握手。有洁癖的唐纳德·强普也许会强烈反对任何人与他握手，但大部分雇主会很重视握手的力度，一次坚实而沉稳的握手是他们所期望的。如果你的手又湿又黏，那么就在进门前试着在手上喷一些无味的止汗剂。

2. 对路上遇到的每个人都要以礼相待

如果你对接待者或者上司的助理态度蛮横，那么不久上司便会听到各种流言。办公室是个很小的地方。每个人都能让你学到东西，这取决于你怎样对待他们。而且，一旦开始工作，你就应该和门卫建立起良好的关系，这样你才能收到自己的信件。为高层工作的人其实和上司本身一样重要。他们的意见是很有参考价值的：他们知道上司的日程安排和上司的个人喜好。他们能帮你尽快融入自己的工作，所以和气地与他们相处，如夸赞他们桌上孩子们的照片或者他们当天的穿着，这能让你从中受益匪浅。

3. 微笑待人

跟人见面时，要直视他的眼睛，并与其热情握手。因为行政人员整天都要与人会面，基于以上所提到的肢体语言，他们需要不断磨炼自己的直觉，以此判断一个人。因此，要仔细观察，并微笑着表现出很大的兴趣；至少，你应该这么做。

4. 不要太放肆

千万别以为自己随便发表意见会让你看上去很聪明，不要乱说话。

一个在出版社工作的朋友讲述了关于一个年轻人的故事。

这位青年刚从常青藤联盟大学毕业。他说他喜欢已故作家的书，自负地提议出版一些已故作家的著作，原因是他认为这些作家的著作经历了时间的磨砺但仍然屹立不倒。于是，这位朋友回答道："他们已经有了出版商，而我们需要的是注入新的血液。"这看似聪明、机灵的提议最终导致这位年轻人没能跨入这家出版社的大门。

5. 保持幽默感

即使你搞砸了一小部分的面试，你仍然得坚持下去，尽量给人留下一个好的印象。如果对于意料之外的状况，你能用自己的幽默逗对方开心，让他忘掉此事，这就足以证明你有能力处理任何事情。

6. 牢记于心，你并不需要读过名校

"天才的体型和背景是各不相同的。"这话是出自赫斯特杂志的经营主任吉尔·毛雷尔之口，他建议敞开胸怀去接受新的人才和生力军。当宝妮刚进入出版这一行时，包括吉尔在内的许多人都给了她机会，所以她也努力想为他人做同样的事。当她给某个人面试的时候，她不会注意他是从哪个大学毕业的。她毕业于多伦多大学，一个很有名的大学，但对于那些生活在北纬 49 度以下的人而言，他们对该学校几乎不了解。她曾遇到过不少毕业于常青藤联盟大学却毫无用处的人，反而是那些毕业于默默无闻大学的人却很聪明而且很努力。

7. 流露出你将比其他任何人更努力工作的自信，并表明你坚定的信念

即使你并非毕业于名牌大学，一个聪明的雇主也能看出你是否是该岗位的合适人选。

某杂志创意总监唐纳德·罗伯特森是个很有才华的人，担任该职位长达 14 年。他在学生时代曾被渥太华艺术学院勒令退学，因为他的作品被认为太商业化。但对这家杂志社而言，没有什么能比拥有这么一个有才华的创意总监更令人兴奋的事了。

8. 要用自己的想法武装自己的头脑

你的个人见解越是能在短时间内解决问题，越是简单而有见地，那么你对雇主绝对的不可或缺率就越高。如果你想进出版业，那么就说几个自己对于一些文章或者封面的看法；如果你想进一家广告公司，那么就说一些能引人注目的宣传标题。

9. 真挚表达对职位、公司及其产品的兴趣

这虽然看似是毫无疑问的，但还是有很多面试者表现得像是为了帮公司的忙才来参加面试一样。一看到该公司有经济衰退的迹象，第一批离开面试房间的应聘者一定是那些整天想跳槽的人。没有人会雇用这种人的。面试时，最重要的是千万不要表现出很无聊的样子，而且不要花大量的时间介绍自己，表达你对这份工作的渴望更为重要。大多数管理人员通过自己辛勤的工作才能坐上现在的位置，因此他们对周围那些有高人一等优越感的人毫无兴趣。这些管理人员在日常工作中被许多问

题和压力所困扰，所以他们很需要有人能帮助他们解决这些问题，缓解压力。

10. 如果你真的想得到这份工作，试着问问该公司是否有什么你能胜任的项目或者任务

为了得到工作，主动请缨为公司做出自己贡献的人，最能给面试官留下印象。借用约翰·肯尼迪的话就是：“不要问你的上司能为你做什么，而要问问自己，你能为上司（或许他现在并不是你的上司，但一旦你被聘用就会成为你上司的人）做些什么。”

11. 千万不要在面试时罗列你所有的要求

很多人都会在面试中大讲他们所要的办公室条件、他们能工作或者不能工作的时间、他们所能接受的最少的假日数等。很多面试人员不止一次在面试时碰到这种情况，这让他们很是惊讶。当他们听到这些时，他们所能想到的就是这些人所提的要求都不是问题，因为这个人无论如何也不会在这儿工作。

12. 要积极乐观

不要说你现任上司的坏话。这就像一个男人对于前妻或者前任女朋友的第一次约会只给予负面的评价一样，这是件多么令人反感的事！如果面试时等了很长时间，也不要抱怨，因为这样的情绪在你进入面试房间后会给他人传达一种错误的信息。如果你已经等了很长时间，除非有急事，否则千万别离开。大家都有自己要忙的事。如果你真的想得到这份工作，那么请耐心点儿。没有人会因为让你一直等待而感到开心的。真的，忙

◇面试中不宜做的小动作◇

面试中小动作不断，给人的感觉是不卫生、不自觉、不够端庄大方，有的动作还强烈地暗示出应聘者内心的紧张和自卑。

抠指甲、拽衣服、仰头看天花板、想问题的时候摆弄手中的笔等的小动作常常会不自觉地出现在不同的应聘者身上。这些小动作会影响招聘官对你的印象。

还有的小动作会让人误以为是挑逗，如女性拢头发、晃动双腿等。

应聘时过多的小动作给人以沉不住气的印象，也给人以缺乏教养的印象，不但对获得招聘者的青睐毫无帮助，反而让你的仪表顿时失色，无法让招聘者感受到你的礼仪。

的人会为此感到内疚，但是他们确实因为有不得不做的事而走不开，包括与你见面。

13. 承诺一旦得到这工作，你将尽心尽责，而不只是努力工作

面试官们不希望在聘请了你6个月后为了同样的岗位再招人、面试。如果你是个有责任心的人，请一直尽心尽责地为公司工作，并且表明你至少会坚持工作1年以后才会申请提拔或者跳槽。毫无疑问，这期间你将接受历练。一旦你已经达到了一定的能力，雇主最不想听到的是你对无法立刻升职的满腹牢骚，所以一旦当你精通了自己的工作后，仍然要踏实地为公司服务，不要在乎升职加薪的事，这是你能给予上司的最好的回报。

14. 不要撒谎

撒谎，迟早会被发现的。信任是很宝贵的，而且一旦失去就不可能再找回来了。最有经验的面试官能辨别出任何一种虚张声势、无伤大雅的小谎或者在文凭中的过度夸大。

魅力女人与高薪

魅力让女人在职场走得更远

魅力和美丽是两个截然不同的概念。美丽肯定是一种魅力，但相貌平平的女人也能焕发出巨大的魅力。女人在职场

就是如此。

美丽能够在一些特殊职业上带给女人很好的发展机会，比如演员、公关人员等。但是对于大多数的职业来说，对职业素质的要求总是在相貌之上的。当然，兼具美丽与职业素养，自然能够锦上添花，因为任何职业都不拒绝漂亮的女人。

不过你也不能因此而只注重美丽，职场需要的是你的能力。

另外，经验对薪酬也有很大影响，经验在很多时候能够提高人的学历，单纯的学历在职场上并不吃香。没有名牌学校的背景，只要你经验多、工作时间长同样可以取得可观的薪酬。

不同职位对于相关经验的时间要求各不相同。一般来说，本科以上学历是普遍要求。除此之外，高级管理人才需要有 12 年以上的相关工作经验，管理人才需要 8 年以上，而非管理人才则需要 5 年左右的时间。这些时间足以让一个人在自己的行业有所发现，而且这个工作时间段的人的薪酬普遍比较高。

美丽和名牌学历有相似的地方，那就是可以对你的职场生涯起到一个很好的开头作用。因为美丽，一些职业比如秘书等会优先录用你，可是任何公司或部门都不会是只重美丽或者学历的。

名牌大学师资力量强，教学质量高，培养出来的学生成才的可能性大。但这仅仅是一种可能性而已，名牌学校的毕业生并不是人人都能成才的。在招聘方深入了解录用对象之前，名牌有意义；在深入了解后，重要的是能力强弱、素质高低，是否是名校就不那么重要了。美丽的女人面对的也是这个问题。

所以女人要在职场走得更远，除注重你的美丽外，还需要发挥你的魅力，用你的细心弥补上司思考的不周，用你的柔情化解人事上的矛盾，用你的直觉判断做出正确的决策或者只是出一个点子，都会对你的未来起到很大作用。

魅力女人赢得高薪的技巧

在今天这个职场竞争异常激烈的社会，很多女性感叹工作难找，取得高薪就更难了。其实只要你掌握了职场赢得高薪的技巧，取得高薪也不难。

（1）选择业绩佳、前景好的公司。高薪来自公司的高绩效，所以你要先留意公司的体制，如组织决策流程、员工素质、核心技术等。但是，也不应只关心企业现在的业绩，更应关心影响整个企业乃至整个行业发展的因素。

（2）观察企业的领导人是否具备前瞻性眼光。好的领导就像动力十足的引擎，会为公司输入新的想法，创造和谐的工作环境。如果领导人具有开拓进取的精神，必定能为员工提供一个广阔的发展空间，薪金增长也自然水到渠成。

（3）让自己成为难以替代的人。物以稀为贵，职业也是一样。如果你做的工作人人都能做，你受重视的程度和薪金自然高不到哪儿去，如果你做的工作别人不能做或能做的人很少，拿高薪是顺理成章的。所以，职业女性应该时时注意企业的整

◇ 薪酬谈判时的注意事项 ◇

1.问清税前税后

薪水越高，所要承担的税金就越高，因此，最好事先问清楚是税前款还是税后款，并在劳动合同中加以注明。

2.分清基本工资与奖金

通常公司会把你的工资总额分成几块：基本工资、效益工资、奖金、津贴、补贴等。在保证工资总额不变的前提下，你要力争提高基本工资。

3.高薪不能代替保险

《劳动法》中规定：用人单位和劳动者必须依法参加社会保险，缴纳社会保险费。即使你们有了协定，公司也不能免除此种责任。

体环境正发生哪些转变，并且思考在这样的转变中，企业急需具备什么技术或才能的员工，以便及早准备，提升自我价值。

（4）丰富自己的阅历。阅历丰富的通才，可以有效整合企业内高度分工的各项资源，形成综合效应。因此，女性要把握各种机会丰富自己的阅历，如参加项目规划、参加在职培训等，在学习的过程中尽心尽力，在潜移默化中提升自己的价值。

（5）具备团队协作精神。这几乎成为招聘方对求职者共同的、最基本的要求。可见合作协调在一个组织中的重要性，一个有序的组织应该是强调专业分工，但绝不能各自为政。在这种环境下，能够组合、协调本部门或部门之间的工作，发挥团队力量的佼佼者，高薪自然不在话下。

（6）目光长远。这一招不是什么实际的办法，而是提醒你追求高薪是你的目标，但目光远大的人不能将视线只停留在追逐高薪上。因为只有不断增加你的个人价值，才是你取得高薪的源源不断的动力。如果一味追求高薪，难免会舍本逐末。

与上司交往的艺术

在职场中，每一个职业女性都会有一个直接影响她事业、健康和情绪的上司。无论是男上司还是女上司，能否与他们和睦相处，对女性的身心健康、发展前途都有很大影响。那么，如何才能做到与上司和睦相处呢？

要掌握与上司相处的原则：

1. 了解上司的为人

如果你不了解上司的为人、喜好和个性，只顾埋头苦干，工作再怎么出色也不会得到上司的赏识和认同。上司欣赏的是能深刻地了解他，并知道他的愿望和情绪的下属。了解你的上司，不但可以减少相处过程中不必要的摩擦，还可以促进相互之间的沟通，为自己的晋升扫清障碍。

2. 注意等级差别

你与上司在公司的地位是不同的，上司不是你的朋友，他在乎他的权威和地位，他需要别人的承认。如果你的上司还有上司，你和他开玩笑，他会很没面子。就算他是你的朋友，在公司也最好把你们的关系界定为简单的上下级关系。

3. 忠诚

忠诚是上司对员工的第一要求。不要在上司面前搞小动作，你的上司能有今天的位置说明他绝非等闲之辈，你智商再高，手段再高明，在他面前也不过是班门弄斧。

4. 正确理解上司的意图

上司的不同命令的下达方式可能暗含着不同的目的，比如吩咐，即要求下属严格执行，不得另行提出建议及加上自己的判断；请托，给予下属若干自由空间，但大方向不得更改；征询，欲使下属产生强烈的意愿和责任感，对他极为青睐；暗示，面对能力强的下属，有意培养对方的能力。所以，当你接受一个任务时，一定要弄清上司的意图，不要辜负上司的美意，错失良机。

5. 不要委曲求全

因为工作被冤枉时，一定不要委曲求全，因为一方面你的“大度”可能掩盖了公司内部真正存在的问题，另一方面会让上司误解你的能力甚至是人品，你的沉默将使他对自己的判断更加深信不疑。既然于公于私都无益，那你还不如找机会解释清楚。

6. 不要在上司面前流泪

泪水容易给人造成这样的印象：她是柔弱的，她的承受力太差了。如果你在上司面前流眼泪，那么原先打算提拔你的上司，也可能会认为你不能胜任你的工作，而把机会让给其他人。

7. 及时完成工作

员工的本职就是工作。如果没有完成上司交给你的任务，不论有什么客观因素，也最好不要在上司面前解释，没有做好本职工作，任何理由都不是理由，因为上司关心的只是工作的结果。工作没做好，你的解释只会让他更加反感。如果确实是上司的安排有问题，你可以事后委婉地提出，但千万不要把它作为拖延工作的理由。

8. 小处不可随便

在上司面前，要注意自己的言谈举止和工作中的细节问题，越是随意的场合越要加以小心，正所谓“当事者无心，旁观者有意”。很多上司都信奉“见微知著”的四字箴言，认为这些

◇ 如何给上司留下好印象 ◇

想要给上司留下一个好的印象，就应该努力做好以下三点：

1. 提前上班

早一点儿到公司，显得你很重视这份工作。每个上司都喜欢勤奋工作的员工。

2. 反应要快

接到任务后要迅速准确及时完成，留给上司反应敏捷的印象，这是金钱买不到的。

3. 勇于承担压力与责任

不要总是以“这不是我分内的工作”为由来逃避责任。当额外的工作指派到你头上时，不妨把它当作一种机遇。

生活中的细节很容易暴露一个人的秘密。比如文件的摆放可以看出你做事的条理性和缜密度，发言的声音大小说明了你的自信心如何，酒会上的行为是否得体体现了你的个人修养与自制力，等等。

9. 要有团队精神

任何一个上司都不会喜欢害群之马，因为是他所管理的团队给了他威严、权力和成就感。没有整个团队的成长，他的事业就失去了依托。所以不要只想着怎样讨上司喜欢，要和你的同事和睦相处，不要搞个人主义，团队意识是你成为一名优秀员工的最基本的要求。

要熟记赢得上司最佳印象的秘诀：

（1）说话谨慎。对工作中的机密必须守口如瓶。如果说话随便，说不该说的话，有意或无意地泄露秘密，将会给上司和自己的工作带来不便。

（2）苦中求乐。不管你接受的工作多么艰巨，你也要做好，千万别表现出你做不了或不知从何入手的样子。

（3）保持冷静。面对任何困难都能处之泰然的人，一开始就取得了优势。老板和客户不仅钦佩那些面对危机不变声色的人，更欣赏那些能妥善解决问题的人。

（4）善于学习。要想成为一个事业成功的人，不断学习、充实自己的知识是必要的。既要学习专业知识，也要不断拓宽自己的知识面，往往一些看似无关的知识会对你的工作起到很大作用。

（5）切勿对未来预期太乐观。千万别期盼所有的事情都会照你的计划发展。相反，你得时时为可能发生的错误做准备。

做一个幽默的“魅力女主管”

幽默作为一种激励艺术，在公司的日常经营管理中有着重要的作用。调查显示，许多下属心目中理想的主管形象是：富有幽默感，善于调节与下属、客户之间沟通的气氛，可以让大家在轻松的氛围中工作。要做到这一点很不容易，但是作为一位受下属欢迎的主管，尤其是女主管，非常有必要了解如何运用幽默的智慧。

这也是很多满怀抱负的职业女性万万想不到的事情，阻碍她们成功的最大因素竟是她们视为禁忌的“幽默感”。她们不知道掩埋了幽默感，就等于没有了个人风格，最吸引人的神秘力量也因此丧失了。因此，女性也应摘下严肃的“面具”，恢复轻松自在的女性特质，并且学习保持幽默的态度，时时展现出胜人一筹的风度。

幽默在管理中的作用

在工作中幽默能带来一些积极结果。作为主管，你的幽默越有效，积极的结果就越有可能会来到。

（1）幽默可以增加工作的满意度和投入程度。在工作中表现出更多积极有益的幽默，比如说，讲笑话和想方设法让别人笑的人在心理健康、工作满意度和投入程度方面的评价更高。同样，这些人也不太可能辞职。富有个人魅力的主管通过树立运用有效幽默的榜样，能帮助下属取得积极的结果。

（2）幽默是消除矛盾的强有力手段。当两个人或两个部门相互之间有冲突时，老练的主管会讲一些幽默的话，从而有助于消除双方的分歧。

（3）幽默会减轻紧张情绪。纵情大笑是身体上的放松，因为它使肌肉紧张，然后又放松。纵情大笑也非常像身体锻炼，它可以减轻工作上的压力和相伴随的紧张感，因为大笑会释放出内啡肽——那些荷尔蒙会导致一种放松和更强警觉的状态。如果你产生了一种让大家释放内啡肽的效果,你魅力将会激增。

（4）在工作中有效运用幽默能提高生产力。因为幽默有助于下属放松紧张的情绪，而且当他们放松时，他们的工作效率会更高。

（5）幽默可以使大家团结在一起，并且有助于更好地对付困难的工作。

（6）幽默非常有助于促进人际关系的改善。起润滑作用的幽默可以促进人际关系的和谐并且减轻工作中的紧张感。幽默能使员工相互之间的关系融洽，而且它还是有魅力的个人更为偏爱的一种幽默。相反,伤人感情的幽默会刺激相互之间的关系。

起润滑作用的幽默是有助于人在部门中感到舒适自在的一种极佳手段。

（7）恰当形式的幽默有助于人摆脱逆境。在下属遇到困难时，作为主管的你及时运用一些恰当的幽默，鼓励他（她）调整心态，积极面对困难，一定会收到很好的效果。

（8）运用幽默可以让下属缓解紧张的情绪，有助于下属快速处理问题。

（9）以逗人发笑的方式，通过对想法进行反复琢磨的形式表现出来的幽默能促进创新。幽默是智力刺激因素的来源，因为不得不绞尽脑汁去寻找深深植于工作环境中的令人有趣的成分。

培养自己的幽默感

幽默，是智慧的艺术。当然，幽默不是天生的，也不是一蹴而就的。要想做一个幽默的女主管，坚持以下几点就可以见效。

（1）博览群书，拓宽自己的知识面。知识积累得多了，知识面广了，与各种人在各种场合接触就会胸有成竹、从容自如。

（2）培养高尚的情趣和乐观的信念。一个心胸狭窄、思想消极的女主管是不会有幽默感的。幽默属于那些心胸开阔、对生活充满热情的人。

（3）有意识地训练自己对事物的反应和应变能力。

（4）提高观察力和想象力，要善于运用联想和比喻。

◇ 幽默要有度 ◇

幽默的主管比古板严肃的主管更易于与下属打成一片。然而什么事都要有个度，“过犹不及”，当你在“幽他一默”时一定要把握住幽默的度，领会其中的技巧：

1. 幽默要高雅

当你在与下属沟通时，幽默要高雅才好，把下属的缺陷作为笑料是一种不明智的行为。

2. 幽默要注意场合

幽默并不是随时随地都可以运用的，应在某些特定的场合和条件下发挥幽默。

（5）多参加社会活动，多接触形形色色的人，增强社会交往能力，也能增强自己的幽默感。

总之，幽默是一种优美的、健康的品质，恰到好处的幽默更是智慧的体现，当你掌握了幽默这门社会交往的艺术时，你会发现与下属沟通不再是一件困难的事情，而且你的下属还会被你的魅力所吸引，被你的宽广胸怀所感动，进而敬佩你，最后真正接受你、服从你。善于幽默的主管，大多能把幽默的力量运用得十分自如、真实而自然。由此，当主管开玩笑时，下属们不会感到不伦不类或是哗众取宠，而是快乐。因此如果你想成为一位富有魅力的主管，不妨多些幽默。

育后女性速入职场有绝招

作为职业女性的你刚刚生完孩子，身份自然又多了一重，面对的问题也更多了，但你对工作的热情丝毫未减，并不想放弃原有的工作，你已经把生理和心理的状态都调整到了最佳，准备重新投入到自己的岗位，大干一场。但却发现你的上司和同事都投来了怀疑的目光，似乎断定你在产后已经把精力的重心放在了家庭和小宝宝身上，你已经不可能像以前那样拼命工作了，也不会有太高的工作热情了，心里想的都是自己的宝宝，只想着应付完工作赶快回家。

如果你的老板亲切地告诉你在不影响工作的前提下可以回家照顾孩子，或者某些工作可以在家里完成。你可能觉得很轻松，可以既不耽误工作，也不妨碍照顾宝宝。

可是，时间长了，你会发现很多事情已经悄悄改变了。虽然你的工作和从前一样努力和出色，但原本应该你去参加的重要活动却换了别人，年终奖金你也比其他人少，升职的问题上司再也没有跟你提起过。

问题的症结就在于你已经不知不觉地进入“妈妈地带”了，虽然你依旧勤奋又能干，但在同事和上司的眼里，你已经被划归到只关注孩子和家庭的妈妈范畴。所以，你的当务之急是改变自己的形象，改变别人对你的印象和看法，重新塑造自己优秀职业女性的形象。

1. 用新技术让自己发光

一般的电话答录机都会自动记录来电的时间，你可以利用电话答录机来向他人展现你的工作激情和效率。“我通常会在早晨的工作开始之前先打几个重要的电话，这样客户会一上班就首先能听到我的声音。”做销售的季然说。

李贝的老板最喜欢加班的员工，所以李贝对自己的电子邮箱做了设置，推迟了给老板发送邮件的时间。而她的一个朋友则买了一个功能齐备的手机，在上下班的路上也可以随时收发邮件，以及完成许多需要联络的事情。

2. 给自己创造一个绝对职业的工作环境

与客户见面拿名片的时候是否掉出来孩子的照片？胸前是否可以看到隐约的奶渍？文件夹的封皮是否被孩子的蜡笔划过？这些事情都会让人觉得你不够职业。

所以，要想让上司和同事以及客户对你有好印象，一定要

◇ 让上司重新认识你 ◇

你的上司是否知道，虽然你已做了妈妈，却还是和生育前一样精力充沛、富有责任心和有良好的工作状态呢？如果你不告诉他，他恐怕是不会那么想的。所以你要利用一切机会提醒他。

经常给他打电话，或者定期与他共进午餐，跟他沟通你的工作进展情况及工作时间安排，让他知道你每天都做了什么。

你在办公室的时候一定要到他眼前晃一晃，让上司看到你在努力工作。

做这些事情的目的就是，赶在上司质疑你的工作能力之前，先给他一个积极的答复。

把工作和居家的感觉严格区分开。你可以在办公桌上放一张孩子的照片，但一定不要在包里留着他（她）的奶嘴。对孩子的教育也很重要，一定要让他们明确地知道，妈妈的办公用品是绝对不可以随便碰的。

3. 让你的话职业起来

在工作中，要注意你说话的方式方法，小心斟酌你的用词，使用那些可以强调你职业形象的话。让人觉得你不是“请假回家”，而是“在家工作”。不能说“不能参加下午的会了，因为要去给孩子开家长会”，要说“对不起，我下午已经约了客户”。

4. 坚持逛街的好习惯

你有了孩子之后，也就可能无法像从前一样有充足的时间、精力和金钱来给自己购买衣服了。你还会发现自己的着装还是停留在几年前的款式和风格上。所以，就像一位职业咨询顾问说的那样：“如果你已经想不起来上次买新衣服是什么时候，那么说明你的形象已经被你忽略了。”而这造成的后果就是别人会认为你只是个操心的妈妈，而不是职业女性了。

第八章

所有不俗的爱情，都要用心经营

做有情调的女人

在文章的开头问女士们一个问题：“你们认为什么样的女人才是男人最喜欢的？”大多数女士肯定会这样回答说：“男人当然是最喜欢有魅力的女人了。”女士们说出的答案是有道理的，男人的确是喜欢魅力十足的女人。可是，要想获得男人的爱，光有魅力是不够的，女士们还需要让自己有情调。

有一天，卡耐基的老朋友达勒·赫斯特突然来到他家，同时还带来一位他从未见过的女士。一进门，达勒就兴奋地说：“嗨！戴尔，这是我的未婚妻安蒂。告诉你一个好消息，再过三个月我们就要结婚了！”虽然在事前卡耐基已经有些预感，但达勒的话还是让他大吃一惊。

达勒是英国人，按照他的说法，他是一个有着高贵血统的英国贵族。他这个人很奇怪，尤其对感情特别挑剔。在这之前，有很多女士都曾经追求过他，其中不乏漂亮的、富有的和有身份的，可是我们这位达勒没有一个看得上眼。用他自己的话来说："我是一个贵族后裔，只有那种让我有怦然心动的感觉的人才能做我的妻子。"

事实上，安蒂说不上漂亮，更谈不上有什么高贵的气质。卡耐基不明白，达勒这个一向狂傲的家伙怎么会选择她。于是，在吃晚饭的时候，他问达勒："老朋友，你能给我讲述一下你们的恋爱史吗？"达勒满脸幸福地说："我们是在一次舞会上认识的，当我第一眼看到安蒂的时候，我就觉得她与众不同。你知道，那些参加舞会的女人都想出风头。她们在脖子上、手指上、耳朵上挂满了首饰，身上穿着价格不菲但却俗气到极点的晚礼服，脸上的浓妆足以让人望而生畏。说实话，每当我看到她们的时候，都有一种想呕吐的感觉。可是安蒂不一样。她那天只化了淡淡的妆，也没有带太多的首饰。最吸引我的还是她那套晚礼服，明显是手工制作的，而且给人一种清新脱俗的感觉。于是，我来到了安蒂身边，和她攀谈起来。一个小时之后，我发现我已经深深爱上了她，因为安蒂对生活的品位简直太独特了。她把那些物质的东西看得很淡，认为只要自己喜欢，什么样的生活都可以变得很快乐。她告诉我，她喜欢自己做衣服，因为那会让她有一种自主的感觉。她最喜欢的是一件睡衣，还说她喜欢穿着睡衣坐在餐厅吃晚餐的那种感觉。正是安蒂这种特有的情调让我对她着迷，所以我决定和她结婚。"

安蒂并不是买不起一身像样的晚礼服，但她却认为那样的生活太过俗套。安蒂对生活有着自己独特的品位，因此她想尽办法让自己的生活充满情调。正是安蒂的这种情调，才最终俘虏了达勒的心。

的确，有情调的女人最能打动男人的心，因为男人在粗犷的外表下同样有一颗渴望浪漫的心。情调虽然不能与浪漫等同，但情调却能制造出浪漫。情调其实是一种对生活品质的追求，要求注重个人的享乐，而且还要有品位地进行文化消费。

那么，究竟怎么做才算有情调呢？坐在高级餐厅，品红酒、听音乐是情调；安静地坐在音乐厅欣赏交响乐是情调；悠闲地坐在咖啡馆，喝着咖啡，风雅地抽着女士香烟也是情调……

很多女士都把情调和上面那些高级场所联系起来，认为情调是一种奢侈的享受，永远与普通人无缘。事实上，女士们这种想法是错误的，情调是一个女人对生活的品位，是一种思想感情所表现出来的格调。情调与金钱、地位其实没有一点儿关系。

娜塔是个漂亮的女孩，而且很善良，还善解人意，但她的男友卡尔却与她分手了，为什么呢？卡尔说："是的，我知道娜塔有很多优点，但我和她在一起真的很不开心，她的生活简直没有一点儿情调。约会的时候，我常常提议去一些格调高雅一点的餐厅，因为那样才显得浪漫一些。可娜塔却说，与其花很多钱在餐厅吃，还不如自己买一些东西在家里吃。其实，在

◇ 如何做一个有情调的女人 ◇

情调的养成不是一蹴而就的，模仿不来，也着急不得。它来自于日常生活的点滴积累，亦需要勇气和精力。

追求精致的美丽

女人，可以没有华丽的衣裙、耀眼的珠宝、诱人的香气，但绝不能容许自己以邋遢示人。一个有情调的女人必然是一个精于装扮的女人。

拥有丰富的知识和内涵

她们必须具备足够的知识和内涵。阅读，能使一个人理性思考，博学睿智。

家里和喜欢的人一起吃晚饭也是一件让人感到愉快的事情，可娜塔却让我的希望落空。她总是胡乱地煮一些东西，然后很随便地把食物放在盘子里。我提议何不关上灯来一次烛光晚餐，可她却说那样太黑不利于吃东西。吃完饭后我提议跳一支舞，可她却说还有很多家务等着做。我提议将房间布置得温馨浪漫一点，可她却说那是在花冤枉钱。我真的受不了了，虽然我很爱她，但我还是选择了放弃。”

女士们，这不得不说是一场悲剧，一对本来相爱的青年却因为爱情以外的因素而分开。坦白说，娜塔的做法并没有错，应该说她所做的一切也都是为了他们的将来。因为在她看来，能不花的钱最好还是省下。可是，她没有想到，她的这种好心却伤害了卡尔，因为卡尔希望自己有一段浪漫的恋爱经历。

美国著名心理学家唐纳德·卡特曾说："现代人面临的压力越来越大，很多人都不堪忍受。因此，不管是男人女人，都需要找一种方法来缓解这些压力。我认为，最好的也是最有效的方法就是以情调来调节生活。情调能让生活变得多彩，也能让你从中体会到快乐。当然，这些不需要花费你很多钱。"

英国顶级服装设计师乔治·德莱尔也说过："情调其实并不是一种奢侈的东西，只要你愿意，每个人每天都可以过得很有情调。举个例子，假如我给你一筐梨，里面有一些是烂的，那么你该怎么处理？有人人会说先吃烂的，因为那样可以给自己节省下一部分。可是，当你吃完烂梨的时候，发现原来好的也已经变烂了。这样，你吃到的永远是烂的。也有人说先吃好的，因为那样可以让自己享受到美味。可是，当你吃完好梨的时候，那些烂梨已经没法要了。这样，你就浪费了很多。其实，你只要动动脑筋就可以了。为什么不把烂的那部分挖掉，然后煮成梨糖水，并在这个过程中把那部分好梨吃掉？这可是一举两得的好办法。显然，这不会花费你很多的时间和金钱，然而却可以让你的生活变得有情调起来。”

只要你们有一颗热爱生活的心，那么你们就一定可以通过情调来让自己的生活发生改变,也同样能用情调获得男人的爱。女士们一生要扮演很多角色，女儿、女友、妻子、母亲，而如果你们能够将每个角色都做得尽善尽美，让自己的生活充满情调的话，那么你的心情将明媚许多，你身边的人的心情也会明媚许多。

情调女人深知自己最需要的是什么，她们会安排好自己的生活，也会维护好自己生命中最重要的东西。只有懂得情调的女人才能真正地爱别人，也才能让自己真正地快乐起来。而只有女人自己快乐了，她身边的男人才会快乐。爱情虽然很难说清楚，但快乐却是爱情中不可缺少的因素。

实际上，要想获得一份永恒的爱，懂得制造有情调的爱情也是很重要的。很多女士认为爱情就是两个人互相喜欢、互相帮助，然后组建一个家庭，生儿育女。的确，现实中的生活就是这样，然而爱情是一个浪漫的词语，它无时无刻不需要情调来调试。没有情调的爱情将是枯燥乏味的。

不过，女士们必须清楚，男人喜欢有格调的生活，更渴望有格调的爱情。因此，如果女士们想让你中意的男人喜欢你，那么你们就一定要做有格调的女人。

为悦己者容

女士们在赶赴约会之前都会做哪些准备呢？是坐在家中默默等待约会的到来，还是抓紧一切时间精心打扮一下自己？大多数女士肯定会选择后者，因为她们都想让自己喜欢的男人看到自己漂亮的一面。这不是虚荣，更不是虚伪，而是一种正常的心理。事实上，很多女人都以在男人面前“炫耀”魅力为荣耀。

对于后者，我们暂且不说，先说说那些不愿打扮的女性。这种女性往往独立和自主心比较强。在她们看来，取悦男人是一件耻辱的事情。特别是一些女权主义者，她们更不会为了男人而去梳妆打扮，用她们的话说：“我穿什么衣服，化不化妆，这都是我自己的事。和任何一个男人都丝毫没有关系，即使是我所爱的男人。”

如果女士们有这种想法，那么你们最好早点儿放弃，因为你们还没有做好争取爱的准备。的确，爱是不能以外表来衡量的，虚有其表的爱情不是真爱。然而，女士们不得不承认，男女之间产生爱情的第一步就是感官上的认识，主要是视觉和听觉。试想一下，如果你没有给一个男人留下很好的第一印象的话，那么想要和他继续交往将是件很困难的事。

美国职业婚姻介绍所所长艾瑞克·庞德在一次演讲中说：“我们曾经安排过几千对男女约会。根据我的经验，那些双方都很重视约会，并且愿意为约会而精心打扮一番的男女的成功率要远比那些有一方或双方都不愿打扮的男女的成功率高得多。

其中，如果女方在约会的时候没有修饰自己的话，那么第一次约会的成功率几乎很小。这并不是说男人都很好色，而是因为如果一个女人不化妆、穿着很随便的衣服去约会的话，那么男人就会觉得她是在轻视自己，从而放弃与她交往的想法。”

男人是一种自尊心很强的动物，特别是当他们与女人交往的时候，更希望满足自己的自尊。因此，女士们穿上自己精心挑选的衣服，化上适宜的妆的做法并不是取悦男人，而是满足男人的自尊心。当满足了男人的自尊心以后，女士们实际上就已经把男人征服了一半。其实，男人就是这么简单的动物，他们找妻子有时候就是为了满足自己的自尊心。

因此，女士们，你们要放下自己的“自尊心”，不要把为了男人而打扮看成是一件非常可耻的事情。事实上，你们这样的做法非但不会让男人轻视你们，反而会赢得男人更多的青睐，因为他喜欢你重视他。

无意中曾听到一对青年男女正在争吵，很显然，他们是一对热恋中的情侣。那个男的说：“难道你就不能换一个发型吗？我说过了我讨厌这种爆炸式的头型。”女的有些委屈地说：“怎么？你为什么不喜欢？你凭什么不喜欢？这可是今年最流行的。”男的有些激动，说道：“什么流行不流行，我更喜欢以前长发披肩的你。还有，你再看看你的这身衣服，难道就不能穿得淑女一点儿吗？干吗把自己打扮得像个舞女一样？”男人的话的确有些过分，所以那个女的也生气地回敬道：“我像个舞女？那你为什么还和一个舞女待在一起？你这个不知好歹的家伙。你知道吗？为了这次约会，我整整准备了一个星期，就是想给你个惊喜。可你呢？不但不称赞人家一句，反而还要污辱我？”男人也不示弱，说道：“惊喜？是够惊喜的。难道你不知道我喜欢淑女类型的吗？你以前不是挺好的吗？干吗要穿成这样？上帝，我怎么会喜欢这样一个女人？”最后，这对恋人的午餐不欢而散。

其实，很多女士都有这样一个错误的观念，那就是她们认为精心打扮是自己的事，只要自己喜欢的，那么对方也一定会喜欢。每个人的审美观点都是不一样的，特别是男人在看女性的时候往往有一套他们自己的审美观念。如果女士们不顾男士们的想法，执意要根据自己的意愿来梳妆打扮的话，那么结果肯定是会让每一次约会都不欢而散。

人际关系方面的专家约翰·查尔顿在《少男少女》杂志上曾经这样写道：“青年男女恋爱成功的第一个前提就是让对方有一种愉悦感。这一点对于女士们更为重要。作为女性，你们不妨按照男人的意愿来打扮自己。虽然那会让你们觉得有一点儿委屈，但却可以让你心中理想的对象更加爱你。从心理学角度来说，男人看到一个女人愿意为了自己而改变，那么他就会认为这个女人十分爱他。通常情况下，男人在面对这种女人的时候都会紧抓不放，因为他们希望自己有一个懂事的妻子。”

亨利是个年轻帅气的小伙子，而且还是华盛顿一家大公司

◇ 为心爱的男人打扮的原则 ◇

1. 千万不要认为打扮自己是一件浪费时间和金钱的事情。

2. 要站在男人的角度看问题，按照他理想中的形象去打扮。

3. 为男人付出要有一定的底线。不能对男人言听计从，要有自己的主见，这样的女人才吸引人。

的总经理。这样，亨利自然就成了女性心中的抢手货，因此追求他的女性不计其数。可是，这个亨利却是出了名的“冷酷汉”，不管什么样的女人都不能打动他的心。他曾经对外宣称，自己终生都不会娶妻，因为没有一个女人值得他去爱。

然而，不久，《华盛顿邮报》以醒目的标题刊登了一篇名为《昔日单身贵族，今朝已要结婚》的文章。一时间，所有人都议论纷纷，都想知道这位神奇的姑娘到底是什么样子。当时，人们都猜想这个姑娘一定是美若天仙，说不定还是出身贵族。然而，当婚礼举行的时候，所有的人都大吃了一惊，亨利的妻子虽然漂亮，但是并不是十分超群。而且，她以前不过是亨利手下的一个小职员而已。

当说起这段感情时，亨利直言不讳地说：“正是她的一片真诚打动了我。”原来，那位姑娘以前只不过是个打字员。她和其他人一样，早就对亨利有了倾慕之情。不过，她知道自己绝不可能和亨利在一起，因此从来没有向任何人透露过自己的秘密。

不过，这位姑娘心中深爱着亨利，因此一直都想为亨利做点什么。由于和亨利在一起工作，所以她多少知道一些亨利的喜好。亨利不喜欢太瘦的女孩子，因为他认为那样看起来弱不禁风。于是，这位姑娘就拼命地猛吃，让自己的体重增加了十几斤。亨利不喜欢化浓妆的女孩子，所以她每天就给自己淡淡地涂上一些妆。此外，她还留心观察亨利喜欢她穿什么样的衣服。

只要亨利说一句不错，那么她就会一口气买下很多件这个类型的衣服。有一次，亨利突然说姑娘脸上的一颗黑痣影响了美观，结果她回家之后居然用刀把痣割掉。结果，她的脸上落下了一个疤。当亨利知道这一切以后，他的心向她敞开了，因为他觉得遇到一个肯为自己改变这么多的女人真是太难得了。就这样，两个人终于走进了婚姻的殿堂。

可能有些女士会大喊委屈，因为她们为了追求亨利也都曾经刻意装扮过自己。她们不明白，为什么一个打字员可以成功，而她们却不行。事实上，这些女士都犯了一个严重的错误，那就是没有站在亨利的立场上考虑问题。她们的确是打扮自己了，可那是按照她们的意愿进行的。有的女士为了吸引亨利的注意，拼命地减肥，因为她觉得男人都喜欢苗条的女人。有的女士化上很浓的妆，因为她觉得男人都喜欢妖娆的女孩子。有的女士居然还穿上了暴露的服装，因为她觉得男人都喜欢性感的女人。事实呢？她们的做法恰恰是背道而驰，不但得不到亨利的爱，反而招来他的反感。

羞涩的诱惑力

心理学家唐纳德·鲁卡尔曾经对1000名男士做过一项调查。他首先问这些男士，在他们心里，什么样的女人才是最美丽的。结果，1000名男士分别给出了各种各样的答案，有的说脸蛋漂亮，有的说身材苗条，还有的说气质高雅。可是，当唐纳德问他们认为女人在什么情况下最美丽的时候，那1000名男士几乎都回答说："羞涩的时候。"后来，唐纳德发表了一篇调查报告，其中写道："对于所有的男人来说，我是说所有，最无法抗拒的就是女人的羞涩。女人的魅力有千百种，女人也可以通过各种各样的方式来吸引男士们的注意。但是，不管什么方法都不能和羞涩相比。我可以肯定地说，懂得羞涩的女人永远都是最美丽的。"

"羞涩"这个词似乎已经离现代人越来越远。的确，干吗要羞涩？在这个竞争如此巨大的社会，羞涩又能起到什么作用呢？你害羞，那你就别想找到一份工作；你害羞，那你就别想领到高薪水；你害羞，那你就别想得到升职；你害羞，那么你终将饿死……这是大多数女性的想法。事实上很多女士都认为只有性格泼辣一点儿，做起事来风风火火的人才能在这个社会上更好地生存。至于羞涩，那是几百年前童话里的东西了。

当然，这种想法也不为错，因为如今不管遇到什么事，如果你不去主动争取的话，那么成功的可能性将会小很多。不过，女士们并不能因此就否定了羞涩的重要性。事实上，羞涩是人类的一种美德，也是人类文明进步的产物。著名的专栏作家狄卡尔·艾伦堡曾经说过："任何一种动物，即使是最接近的人类的黑猩猩，也绝不会有羞涩的表现。人类最天然、最纯真的情感表现就是羞涩。这是一种难为情的心理表现，往往与带有甜美的惊慌、紧张的心跳相连。当人们感到羞涩的时候，他的态度就会显得有些不自然，脸上也会泛起红晕。对于女人来说，羞涩就是一枝青春的花朵，也是女人特有的一种魅力。”

约翰·德克里，被称为纽约的商界奇才。他的婚礼举办得很隆重，新娘子也很漂亮。当婚礼仪式结束以后，在场的来宾一致要求德克里讲述一下他们的恋爱史。德克里有些腼腆地说：“其实，我和我妻子是在一次舞会上认识的。事实上，那天舞会上有很多漂亮迷人的女士，我妻子在其中并不显眼。然而，当我去请她跳舞的时候，我的心却被她俘虏了。我走到她的面前，很礼貌地对她说：‘小姐，能请你跳支舞吗？’当时，我妻子很害羞地低下了头，脸上泛起了红晕，怯生生地说：‘对不起，先生，我怕我跳不好，那样会出丑的。’我确信那是世界上最美妙的声音，而她就是我生命中的天使。我不知道自己怎么了，但我确定我已经爱上她了。从那以后，我对她展开了疯狂的攻势。

“开始的时候，我总是找借口约她出来，或是送她一些礼物。可她每次都很羞涩地拒绝我。你们可能认为我会退缩。不，她的这种羞涩反而让我对她更加痴迷。于是，我开始不停地约她，送她礼物，并且向她表达爱意。当我把求婚戒指摆在她面前的时候，她的脸就像是一个红红的苹果。我能觉察到，她太紧张了，因为她不停地喘着粗气。那时，我真觉得她是世界上最美的女人。还好，最后她终于答应了我的请求，成了我的妻子。”

究竟是什么打动了约翰·德克里的心？没错，就是他妻子诱人的羞涩。我们假想一下，如果当时的那位女士不是很腼腆、很羞涩，而是异常兴奋地说：“噢，天啊，你就是商业奇才约翰·德克里吧？你是我的偶像，事实上我早注意你了。来吧，让我们跳支舞。还有，舞会结束后我们可以考虑去喝点儿什么。”我想那位商界奇才一定会吓得逃之夭夭。

对于女性来说，羞涩是你们独具的特色，也是你们特有的风韵和风采。虽然有时候男士也会羞涩，但是最迷人的且出现频率最高的还是女人的羞涩。羞涩常常会让一个男人显得有些狼狈甚至可笑，但它却会让一个女人看起来魅力非凡。相反，如果一个女性缺少了羞涩，那么势必就会失去应有的光彩。羞涩是属于女性的，也是女性的特色之美。康德曾经说：“羞涩是大自然蕴含的某种特殊的秘密，是用来压制人类放纵的欲望的。它跟着自然的召唤走，并且永远都与善良和美德在一起。”

的确，很多艺术家也都把眼光放在了女性的羞涩美上。普拉克西特列斯创作的《柯尼德的阿芙罗狄忒》和《梅迪奇的阿芙罗狄忒》这两幅雕塑作品都反映了女性的羞涩之美。羞涩就像一层神秘的轻纱，轻轻地披在女人的身上，让她们看起来有一种朦胧感。对于男人来说，含蓄的美最有诱惑力，最能激发他们的想象。因为，当女士们表现出羞涩时候，男人将会为你如痴如醉，痴狂不已。

斯泰尔夫妇大概是最令人羡慕的一对夫妻了。他们结婚已经有 30 年了，却每天都过着犹如初恋般的日子。两个人会经常

◇ 羞涩也要注意两点 ◇

羞涩的女性更加惹人怜爱，但是需要提醒女士们注意两点。这很重要，女士们一定要牢记。

1. 很多女士存在一个误区，那就是认为羞涩就仅仅是不好意思，甚至是胆怯。可是，如果一味地退让那就是懦弱。女士们千万不要为了得到男人的爱而放弃了自己的原则。

2. 羞涩一定要发自内心，只有发自内心的、最纯真、最朴实的羞涩才是最有诱惑力的。

女士们，请你们牢记，不要刻意表现出羞涩，刻意表现出来的羞涩不但不会给人一种美感，反而会引起人们的反感。

送对方一些礼物，每天都要到附近的小树林中散步。对于大多数夫妻来说，结婚后如果还经常说一些情话简直是一件太过肉麻的事情，而在斯泰尔夫妇看来，那真是再正常不过了。斯泰尔先生曾经毫不掩饰地说，他每天晚上都要和妻子说："晚安，我的甜心。"

这真是太不可思议了，究竟是什么东西使得这对夫妇永保新鲜感呢？斯泰尔先生说，他们的关系之所以能够保持亲密如初，这和他妻子有着很大的关系。原来，斯泰尔夫人生性有些腼腆，很容易害羞，就算结了婚也依然如故。斯泰尔先生说："我妻子很害羞，对我也是一样。有时候，我送给她一件小礼物，她的脸会非常的红，还会小声地和我道谢。在别人看来，我妻子也许有心理疾病，因为她对丈夫不应该这样。事实上，我妻子在其他事情上都很正常，唯独在我们夫妻关系上显得羞涩。然而，正是她的这种羞涩让我如痴如醉，感觉她依然是我以前所爱恋的那个姑娘。因此，我总是尽力让她开心，因为我实在太陶醉于她羞涩时的样子。"

事实上，这位斯泰尔夫人一点儿也不腼腆，而且还非常健谈。这到底是怎么回事？她回答说："以前的我确实很害羞，但是经过这么多年的磨炼我已经不再那样了。可是，我知道我丈夫非常喜欢以前那个胆怯的、爱红脸的小姑娘，所以我就在他面前依然保持原来的样子。这很有效，因为丈夫总是把我当成那个小女孩。他会记得我的生日，还会送给我一些礼物。同时，他仿佛对我有说不完的甜言蜜语。”

女人的羞涩是有着惊人的魅力和功能的。它可以唤醒两性关系中的精神因素,从而使得两性之间的生理作用减弱了许多。在这个世界上，没有任何一种色彩能够比女人的羞涩更美丽。

其实,女士们没有必要刻意去学习,因为羞涩是女人的天性。想一想，当你们第一次收到男朋友的礼物时是一个什么感觉？当他第一次约你时是什么样的感觉？当他向你求婚时是什么样的感觉？多想想这些，那么女士们就能体会到什么才叫真正的羞涩了。

认可他，崇拜他

赫斯勒·霍夫曼先生是一名普通的教师。虽然他已经很努力地工作，但却始终没有取得什么成就。也就是说，赫斯勒先生是那种再普通不过的教师。也许正是因为这点，赫斯勒先生一直没有找女朋友，用他的话说：“我是一个每个月只能领到微薄薪水的教师，有哪一位姑娘会看上我呢？”其实，赫斯勒先生还是不错的，虽然收入不高，但也足够维持生活。同时，赫斯勒先生还是一个心地善良、热情好客的人。事实上，有很多姑娘都曾经追求过他，但却都被他一一拒绝了。

后来，赫斯勒在一位朋友的家里认识了苏菲小姐。两个人非常投缘，一见面就谈得很投机。虽然赫斯勒对苏菲小姐很有好感，但却因为自卑而不敢表达。苏菲小姐好像看出了他的心思，就问赫斯勒是做什么工作的。赫斯勒有些不好意思地说：“我……我不过是一名普通的教师而已。”“真的吗？我最崇拜的就是教师了。”苏菲小姐真诚地说：“一直以来，我都认为教师是世界上最神圣的职业。”赫斯勒显然不敢相信自己的耳朵，惊讶地问：“苏菲小姐，你不是开玩笑吧？这可是一份没有前途的职业，而且收入也不是很高。”苏菲笑着说：“不，你不要那么想。我从来不用收入来衡量一个人是否成功。我觉得，你就是英雄，因为你培养出了很多人才。”赫斯勒先生有些激动地说：“太感谢你了，苏菲小姐，我现在才觉得自己应该感到自豪。只是……只是不知道你是否愿意和一个你心目中的英雄交往呢？”结果，苏菲小姐很爽快地答应了。

“其实，在很早以前我就开始注意他，而且也暗自喜欢上他。不过，我知道他是一个因为自卑而不敢谈恋爱的人，所以我决定采用我的方法让他向我敞开心扉。我对他表示肯定，并且让他相信我是崇拜他的。最后，我丈夫终于不再自卑，也接受了我的感情。”苏菲小姐这样说道。

苏菲小姐非常聪明。的确，女士们要想获得男人的爱，首先就要让男人对你产生好感，愿意与你接触。如果一个男人和你接触以后，发现你狂妄自大、目中无人而且还说话十分刻薄的话，相信他一定不会觉得找你做女朋友是个好主意。

女士们如果想在最短的时间内获得男人的好感，最好的方法就是认可他、崇拜他。这是因为，所有的男人的自尊心都非常强，他们都渴望得到自己身边人的认可，特别是自己的伴侣。因此，满足他们的自尊心便是获得他们好感的最有效方法。

很多女士的自尊心也很强。她们认为，如果女人都去崇拜男人的话，那么无疑又回到了过去男尊女卑的社会。在她们看来，男人希望自己的妻子或伴侣对他们崇拜，无非就是想满足他们的大男子主义心理。这是对女性的一种不尊重，也是对新时代和新社会的一种挑战。

我们来听听专家的意见。婚姻心理学博士卢卡德·帕内尔曾经在一篇论文中这样写道："男人都有一种心理，认为只有崇拜他们的女人才会对他们产生强烈且持久的爱情。事实上，男人是想通过女人对他们的崇拜而获得一种满足感。在他们看来，女人对男人的爱是以崇拜为基础的。女人崇拜男人，那么就势必会渴望与心目中的英雄生活在一起，从而才能产生爱。事实上，这是一种雄性征服和占有欲望的体现。因此，聪明的女性往往都善于使用这一技巧，尽管有时候并非出自她们的本心。"

芝加哥心理学教授迪斯勒·肯特也曾经做过一项调查，他让 100 名男士写下他们愿意和什么样的女士交往。结果，只有不到十分之一的人选择愿意和自己的上司或比自己能力高的人交往，而剩下的人都选择愿意与"不如"自己的女性交往。当迪斯勒问他们原因的时候，很多男人回答说："一个男人怎么可以让妻子超过自己呢？虽然这有些大男子主义，但男人的自

◇ 崇拜和认可男人的注意事项 ◇

1. 赞美一定要真诚

不管做什么，真诚永远都是第一位的。如果女士们仅仅是为了讨男人欢心而去崇拜或认可他们，结果有可能会适得其反。

2. 善于发现男士的闪光点

并不是只有成功的男人才有优点，很多平凡的男人也一样有，只要女士们善于观察，一定会发现他们的优点。

3. 说出你的崇拜

尽管你从心里已经崇拜和认可你心仪的对象，但是如果你不将自己的想法表达出来的话，对方也不会知道的。

获得男人的心并不是很困难的事情，只要你愿意付出，能够发自真心地认可和崇拜他，那么你就一定可以得到梦寐以求的爱情。

尊心比任何事情都重要。”是的，女士们必须清楚，男人想获得女性的崇拜和认可并不关大男子主义的事，实际上那不过是他们本性的体现。

此外，女士们还有一种担忧，那就是害怕会“惯坏”自己的男人。有一位女士说：“我知道应该这么做，这也的确很有效。可是，我很害怕，因为如果我在婚前那么做的话，很可能会让他把这种优越感带到婚后，恐怕到那时我的日子就不会好过了。他会像国王一样对我发号施令，还会像使用女佣一样指示我做这做那。为了不让他养成这种坏习惯,我是绝对不会在婚前纵容他的。”

其实，女士们大可不必担心，因为很少有男人是真正的“权力狂人”。事实上，如果女士们认可、崇拜他们，那么不但不会把他们“惯坏”，反而会让他们更加爱你们。

女士们，仅仅是一个认可和崇拜的做法就将给你们带来无穷的好处。在婚前，你可以吸引他的目光；在婚后，你又可以让你们的关系永远亲密。应该没有一个人会不愿意去使用这个技巧，除非你不想结婚。

机敏地抓住幸福

某机构曾搞过一次调查，让那些参加调查的女士说出自己对爱情的认识，并且还要坦白说出自己在爱情方面曾经做过的最后悔的事。在调查之前，人们都认为，大多数人一定会反省自己在与伴侣相处时所犯下的错误，说出自己的不足，并且也一定会下决心改正。然而，结果却和预料的大相径庭。很多女士居然说对现在的状况不满意，让她们最后悔的事竟然是当初没有选择另外一位更好的男士。人们研究这种现象，最后得出结论：很多女士都不具备抓住幸福的能力。

事实上，很多女士们虽然知道该如何挑选伴侣，但却由于各种各样的原因失掉了机会，从而让幸福从指尖溜走。

辛姬丝女士终于和一位大她 13 岁的男士走到了一起，结为了夫妻。很多女士会认为，那位男士一定非常有本事，或者是一位很有名的成功人士，或者是一位非常有魅力的诗人、作家、音乐家、艺术家。然而，事实和女士们想象的完全不一样，那位男士不过是一名普通的汽车修理工，而且还曾经离过婚。至于说家境，我们只能用“维持温饱”这个词来形容。所有认识辛姬丝的人都感到不可思议，因为在这之前，曾经有很多既英俊又帅气的小伙子追求过她，可都被拒绝了。大家都很疑惑，不明白辛姬丝为什么会选择这样一个男人。

别人就这一问题问过她。辛姬丝沮丧地回答说：“我现在已经 30 岁了。你知道，一个女人到了这个年龄是很难再嫁出去了。我有什么办法？我只能选择一个离过婚的且愿意娶我的男人。”别人很奇怪地问她：“那么当初你为什么不从那些优秀的小伙子中挑选一个呢？”辛姬丝回答说：“这都怪我，现在想起来真是后悔莫及。那个在银行上班的勃博其实很不错，那个开杂货店的戴韦人也很好，还有罗格、约翰、汤姆……那些人都很好。可是，当时的我却不这么认为，总是想：‘再等等吧，说不定我以后还能遇到更好的。’结果，这一等就是 10 年。每当我遇到心仪的男人时，总是会想后面可能还有更优秀的。结果，以前那些人都结了婚，而我还在等待。没办法，我最后只好随便找个男人嫁了。”

其实，这一切都不能怪别人，是辛姬丝自己葬送了自己的幸福。这一切苦果都是她自己酿成的。

女士们，你们是否觉得这样说有些刻薄？也许有那么一点儿，但这么说没有说错。其实，像辛姬丝一样的女士大有人在。她们不是不知道该怎么挑选一个好男人，也有一双挑选好伴侣的“慧眼”。然而，她们的本性太过“贪婪”，总是认为自己目前遇到的不是最好的，而后面将要遇到的才是最棒的。结果，她们让机会一次次地溜走，直到有一天发现自己已经没有挑选的资本时才开始着急。可是，机会一旦错过就不会再回来，以前那些优秀的男士已经各自找到了伴侣。如今，只剩下了那些“永不知足”的女士。

上帝对待每一个人都是公平的。它会给每一位渴望得到爱情和幸福的女人机会，而且都是平等的。每个人对待眼前的机会都有着不同的态度。那些懂得珍惜，善于发现，并能够机敏地抓住机会的人最终都得到了幸福，而那些抱着玩世不恭或是犹豫不决态度的人则放任机会溜走，从而与幸福擦肩而过。

◇ 抓住自己的幸福 ◇

女士们究竟应该怎样做才能让自己抓住幸福呢？以下有几点建议送给女士们，希望对你们有所帮助。

1. 明确知道自己喜欢的类型

不要让别人的话左右你的选择，只有知道自己喜欢什么样的类型，才能有的放矢地进行选择。

2. 千万不要认为年轻就是资本

要知道女人最好的年龄就那么几年，一定不要浪费。

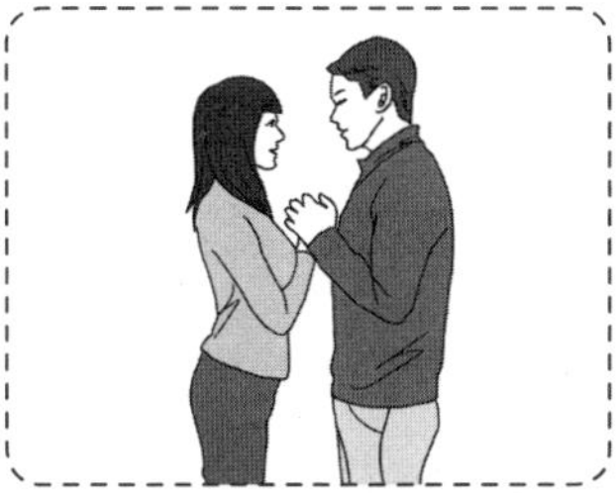

3. 在幸福面前不要犹豫

如果幸福就在身边，千万不要犹豫，一定要抓住机会，否则可能以后就没有这样的机会了。

女士们，幸福是要靠自己争取的，绝没有天上掉下来的幸福。要想让自己获得幸福，你们就必须练就一双识人的慧眼，拥有一份主动出击的勇气，然后看准机会，机敏地抓住幸福。

曾经有一个叫迪拉的女士和辛姬丝的遭遇差不多，也是在无奈的情况下选了自己的婚姻。不过，迪拉有一点和辛姬丝不同，辛姬丝是对尚未出现的男士抱有幻想，而迪拉则是以自己的青春作为赌注。

其实，迪拉谈过很多次恋爱，但却没有一次超过三个月的。她父母很着急，也曾经劝她早一点儿找个可靠的男人嫁了。可是迪拉却说："这着什么急，我还年轻，有的是时间。放心，只要我愿意，肯娶我的男人能排到6号大街街口。"

没错，迪拉并没有夸张，她也的确有夸耀的资本。不过，这种资本是在她30岁以前才有的。随着年龄的增长，迪拉的魅力逐渐减少，而以前曾经追求过他的那些男士也都组建了家庭。当然，结果不需要再多说了，她只能步辛姬丝的后尘。

如今，像迪拉这样的女性越来越多。她们往往各方面的条件都非常好，而且还都很年轻。正因为这样，这些女士对爱情没有正确的认识，把年轻、感情和幸福看成是可以挥霍的资本。她们交男朋友，但是只谈情不说爱。对于她们来说，恋爱不过是一场游戏而已，而她们就是游戏里的主角。至于说该选用谁来充当配角，那完全要依靠她们的喜好。在她们看来，只有等到自己玩累了的时候才应该真正考虑一下是不是该结婚。

没错，以前的时候会有很多配角和她们这些主角一起玩游戏。然而，随着时间的推移，那些配角或主动或被动地都退出了游戏，继而在一个新的游戏中寻找自己的位置，并且担当了主角。可是那些女士还在玩耍，还在自我陶醉。当有一天她们发现自己已经没资格做女主角的时候，她们感到累了，想要组建家庭了。可是，她们突然发现，这时候已经找不到一个像样的配角了，甚至于就算她们甘当配角，也没有人愿意再和她们一起游戏。

如果说辛姬丝女士丢掉的仅仅是婚姻的幸福的话，那么迪拉女士丢掉的则不止这些。试问，有谁会对一个朝三暮四的女人有好感？尽管迪拉女士不坏，也从没做过什么出格的事，但是却没有人愿意与她交朋友。

当丈夫的工作突然变化时

女士们，如果你们的丈夫从一个每天工作 8 小时的“规矩”男人突然变成了那种从事特殊工作或是工作时间比较特别的男人，作为妻子，你们应当怎样应对呢？是坚定地支持他、配合他，还是和他大吵大闹，让他回到原来的工作岗位？我们希望是前者。

曾经有这样一位太太，她的先生一直都梦想着有一天自己能够成为一名出色的乐团指挥家。后来，在自己的不断努力下，他终于被一个著名的交响乐团看中，成了其中的一名交响乐指挥。他们的乐团虽然经常要在晚上举办音乐会，但是这位先生却对自己的这份工作非常满意。可是，他太太却不能忍受，因为自己的先生突然间不能在晚上陪自己了，而且每天还回家很晚。于是，这位太太和自己的先生大吵大闹，一定要他放弃指挥的职业。最终，先生经不住太太苦苦哀求，只得放下指挥棒，重新做起了推销日用品的工作。老实说，他并不喜欢这份工作，而且也不适合做这份工作，同时也使他的收入减少了很多。如此一来，那位先生变得非常不快乐。他不但认为自己的前途渺茫，而且也影响到了他与太太的婚姻关系。

女士们，如果有一天你们的丈夫突然成了出租车司机、火车驾驶员、轮船驾驶员或是演员的话，那么你们应该做的就是马上调整自己，充分地配合丈夫，这样才能维持你们的家庭生活。

有很多女士都说，她们非常羡慕那些明星的妻子，因为那些女人可以穿很多漂亮的衣服，而且还能成为众人瞩目的焦点。可是，那些女士只看到明星妻子风光的一面，却没有看到她们的难处。事实上，她们要比普通人的妻子付出更多的努力。很多明星都曾经有过失败的婚姻，就是因为他们的特殊工作情况得不到太太的支持。

因此，一旦丈夫的工作发生了突然变化，女士们首先就要清楚，自己并不是什么都可以获得的，而且还必须承认自己所面对的现实状况。你们应该明白，现在你们所要做的就是想尽办法在不破坏丈夫工作的前提下，维持整个家庭的快乐。

斯俄德·麦卡丁是个文静温柔的女士，而她的丈夫则性格外向、活泼开朗。在很多人眼里，他们是最佳的完美组合。可是，自从他们的家搬进州长府邸之后，一切都发生了变化。丈夫每天都忙着处理各种各样的事，总是很早起床，很晚才睡觉，以至于连她这个做妻子的都很难见到他。

她说，自己最幸福的时候就是陪同丈夫一起去外面旅行或演讲，因为那时他们才能在一起安静地共处一会儿。她对别人说："以前我不知道什么叫真正的激情和乐趣，但是现在我知道。事实上，我发现在我们在旅途上获得的乐趣远比以前在家中获得的多得多。坦白说，这段经历我永远都不会忘记。"

说真的，罗威·汤姆斯和麦卡丁州长都够幸运的，因为他们的妻子在面对这些突然出现的变化时表现得很冷静。同时，他们的妻子不但尽心竭力地为他们排忧解难，而且还能够让自己不被各种外界的诱惑所困扰。这样，他们的丈夫就可以集中全部精力去面对新的工作了。

女士们，你们是不是已经害怕了？是不是心中正在祈祷，不要让自己的丈夫加入那些特殊工作的人群之中呢？是的，任何一个正常人都不希望遇到这种情况。可是，如果你的丈夫为了取得事业上的成功必须去做这份工作怎么办？难道女士们会选择放弃？不，如果真是那样的话，从法律意义上讲可以称为遗弃。但是，从爱情上来说，那是一种不完整的、有残疾的爱。

那么，当丈夫的工作出现了突然的变化，女士们究竟应该如何应对呢？首先，心态是很重要的。如果你们能够迅速调整自己的心态，使自己有足够的心理准备的话，那么相信你们一定可以很快地适应这种变化，并且能够给予丈夫最大程度上的配合。

女士们，这个世界上没有完全可以让人感到快乐的职业。如果你丈夫真的很不幸从事了你所厌烦、讨厌甚至于害怕的职业的话，那么你就应该考虑清楚，到底应不应该帮助他。如果这种变化可以使你丈夫取得成功的话，那么你就必须坚定和他站在一起。要知道，不论生活方式是什么，总是会有其自身的利弊得失的。如果女士们只会抱怨现实的话，那么你们就永远不会有满意的时候。

让他感到自己很重要

我们前面曾经不止一次提到过，人类在本质里最深层的驱动力就是希望具有重要性。哈佛大学的著名心理学家威廉·詹姆斯也曾经当众指出："在人类的本质中，有一种最殷切的需求，那就是渴望得到他人的肯定。"是的，正是这种需求才使得人类和其他动物有所区别，也正是在这种需求的作用下，才使人类有了丰富的文化。

然而，很多女士似乎并不重视这一点。女士们往往抱怨自己的丈夫带回的薪水太少，埋怨他们经常加班，却从来没有发自真心地赞美过他们。这些做法都无疑导致夫妻的沟通出现障碍，因为妻子们忘记了一件非常重要的事情——让丈夫感到自己很重要。

很多女士都不理解这种说法，曾经有一位女士面带不屑地说："你说我应该让我先生感到重要？可那个前提应该是他的确做得很出色。实际上呢？他不过是个最底层的小职员罢了。再说，我为什么要让他感到重要？这样能给我和我的家庭带来什么好处？事实上，即使我给了他这种感觉，他也一定还是不思进取。"让我们用事例来证明这位女士的观点是错误的。

一天，卡耐基在纽约的一家邮局里排队等候寄挂号信。卡耐基看到里面有一个营业员工作态度十分不好，因为他显得非常不耐烦。确实，称重、取邮票、找零钱然后再写收据，这种单调的工作年复一年地进行着，这的确让人感到烦闷。于是，卡耐基对自己说："我应该帮帮他，让他感到高兴。同时，我也要让他喜欢我。因此，我应该找些话说，不过话题必须是关于他的。"接着，卡耐基又问自己："那么他又有什么值得让我好好夸赞一番呢？"

要想在短时间内找到一个陌生人身上的优点，这的确是件不容易的事。不过，幸好卡耐基在这方面刻意锻炼过自己，所以称赞这位营业员对卡耐基来说，并不是十分困难的事。于是，当他给信件称重时，卡耐基真诚地对他说："上帝真是偏爱某些幸运的人，我真的希望能够和你一样，有一头这样漂亮的头发。"他当时很吃惊，微笑着对卡耐基说："是吗？这确实是真的，不过可惜它已经不如以前那样漂亮了！"卡耐基对他说："虽然

◇ 让丈夫感觉自己很重要的好处 ◇

让丈夫感到自己重要有以下好处：

1. 让他对自己充满信心

只有有了自信，男人才会更容易成功。

2. 加深他对你的爱

男人喜欢被需要，如果你让他觉得他对于你非常重要，他会更加爱你。

如果女士们让丈夫感到自己重要，那么势必就是在激励他前进。所以说，不要总是抱怨丈夫，试着去激励他，让他觉得他真的很重要。

它有可能没有以前漂亮，但我觉得它依然十分棒，因为它会让排队等候的那些顾客有一种赏心悦目的感觉！我想，如果邮局里没有了你这头漂亮的头发，那么我们这些人一定会觉得太枯燥了。”他听后非常兴奋，和卡耐基交谈了好一会儿。最后，他高兴地对卡耐基说：“谢谢您对我头发的称赞。”

如果我们每一次做事都那么自私，只要不能从别人身上得到好处，就不会对别人有哪怕一丁点儿称赞的话，那么我们将是多么可怜的人。如果我们内心深处的灵魂比在野地里生长的酸苹果大不了多少的话，那么我们的心灵将是多么贫乏。

一位心理学家曾经这样说：“每个人都一样，都希望得到别人的认同，也都需要别人知道自己的价值。你、我，和其他人都渴望在自己生存的这个世界中有一种对别人很重要的感觉。你不会喜欢那种言不由衷的恭维，而对真诚的赞美却爱不释手。”

克里斯先生在一家报社做记者。说实话，他真的不适合做这份工作，因为他性格内向，有些害羞，而且还缺乏自信。每天早上，克里斯先生都是皱着眉头起床，然后苦着一张脸吃早餐，接着又很沮丧地离开家门，因为他知道自己又要忍受一天的折磨。而到晚上，当他家的大门打开时，克里斯先生总是愁眉苦脸，然而懒散地把公文包扔在沙发上。他不喜欢看电视，也没有其他爱好，他的一天就是由上班、下班、发呆和睡觉四部分组成。对于他来说，生活不是一种快乐的享受，而是一种痛苦的折磨。

终于有一天，克里斯先生再也忍不住了。吃晚饭的时候，他对妻子说：“亲爱的，我是不是真的很没用？我觉得自己活在这个世界上简直就是多余。”妻子看了看他，回答说：“我不知道是什么原因导致你产生这种想法，但我从来没有这样认为过。克里斯，我一直都认为，你是世界上最棒的人。你知道吗？你写的那些稿子让很多人知道刚刚发生的事实，而也正是在你的努力之下才使我们的家庭一直都过着非常殷实的生活。我不知道什么叫成功人士，但我觉得你所做的一切都是非常成功的。克里斯，你干吗那么不相信自己？你永远是我心中的英雄。”克里斯听后没有做出反应，只是心里不听地念叨着：“我是最棒的？我是最棒的？……”

第二天早上，克里斯起床以后，发现妻子已经上班去了。他来到餐桌前，准备吃早餐，突然看见一张字条，上面写着：“克里斯，你要相信自己，我一直都认为你是最重要的。”

从那以后，克里斯先生再也没有感到痛苦过，因为他知道自己对于社会和家庭是很重要的。他不再害羞，也不再害怕，而且还对生活和工作充满了信心。如今，他已经做到了报社主编的位置。这一切都归功于他的妻子。

克里斯真的很幸运，因为他遇到了一个聪明的妻子。相反，如果克里斯遇到下面这个妻子的话，恐怕他真的没有勇气再活下去了。

当唐纳德拖着疲倦的身体打开家门时，妻子那张写满厌恶的脸马上就映入了他的眼帘。妻子不满意地吼叫道："你这个笨蛋、懒猪，告诉过你多少遍了，进屋之后第一件事就是脱鞋。看看你，都把地板踩成什么样子了。难道你不知道我每天拖地很辛苦吗？"

唐纳德已经很累了，所以他不想和妻子争吵，于是就说："亲爱的，请理解我好吗？我要在外面工作，还要养家糊口。即使我有些地方做得不够好，你也不应该如此责备我。"

丈夫的话显然激怒了妻子，只听她说："养家？你还好意思说。你每个月拿回的那点薪水还不够隔壁的罗格夫人买瓶香水的呢！我真不明白，为什么都是男人，人家罗格先生就能做到经理的位置，而你却永远都是一个小职员。"

唐纳德有些挂不住了，回应道："可我已经尽力了。如果没有我，你哪里来的钱吃饭，哪里来的钱交房租，又哪里有钱养活孩子。"

妻子也不甘示弱，马上说："是吗？难道这一切都不是你应该做的吗？你为什么不想想我，我每天要在家里做家务、照顾孩子，还要给你这个废物洗衣服，准备食物。天啊！真不知道你对这个家来说意味着什么？你简直就是一个十足的笨蛋。"

从那以后，唐纳德对工作更加没有信心。最后，他失业了。不过，他也再没有和妻子争吵过，因为他选择了离婚。

对比最容易让人判断出到底谁对谁错，相信女士们此时已经非常清楚为什么要让丈夫感到自己重要了。

很多女士在问，到底该怎么做才能让丈夫感到自己重要。下面送给女士们几条建议，相信能对你们有所帮助。

（1）让丈夫觉得自己重要；

（2）仔细观察他身上的优点；

（3）对他表示尊重，然后真诚地赞美他。

女士们，只要你们能够让丈夫感到自己重要，那么他就已经离成功不远了。如果你想成为丈夫事业上的好帮手，那么就应该做到这一点。

放弃控制他的想法

可以肯定地说，没有一个男人会梦想嫁给一个“女王式”的妻子，因为那样的话就意味着男人将成为家庭的附属品，或是妻子的奴仆。对于一个未婚男人来说，他们最害怕的就是在婚后失去自由和自主的权利，而对于一个已婚的男人来说，他们最渴望的就是自己能够掌握家中的大权。

芝加哥大学心理学教授唐纳德·庞物曾经说：“对于一个男人来说，最不能忍受的就是被妻子控制。他们在心里渴望能够掌管一切事情，包括自己的工作、家庭的财政支出乃至家务劳动，尽管他们不可能做到。一个真正精明的妻子往往会满足男人的这种心理，使他们有一种成就感。要做到这一点，妻子们首先要学会的就是顺从。”

肯定会有女士非常生气地说："什么？让我们学会顺从男人？不，那是一种自取灭亡的方法。男人们都是很自私的，根本不会考虑妻子的感受。你给了他控制你的权力，那么他就会肆无忌惮地在外面花天酒地，怎么还会考虑事业和家庭呢？如果没有我的控制，他会把心思花在工作以外的事情上，那样我们整个家庭都会陷入前所未有的危机之中。"

是的，男人的确容易开小差，特别是在他们的事业取得了一点儿成就之后，但这只是男人的一种天性。既然是天性，那么就很难用一种高压手段来控制。因此，女士们妄图想用控制丈夫的方法来使丈夫在事业上取得更进一步的成就，无疑是一种不明智的选择。

尼达最近简直都要发疯了，因为家里面大大小小的事情简直压得她透不过气来。她自己要上班，还要抽出时间照顾孩子，而且还得做家务活。这些都是其次的，最主要的是尼达每天都要为自己的丈夫操心。早上的时候，她要替丈夫安排上班所穿的衣服，还要嘱咐他在单位上应该做的事情。同时，她还要仔细检查丈夫的钱包，确保里面没有足够的钱让丈夫可以去酒吧或是其他娱乐场所。此外，每天晚上尼达还要认真听取丈夫的报告，以便为他事业的发展做出下一步计划。

本来，尼达做的这一切都是为了丈夫好，因为她怕丈夫被其他的事情打扰，从而不能安心工作。然而，结果却事与愿违。尼达的丈夫不但在工作上没有取得一丝进展，反而越来越差。

不光这样，尼达的丈夫还背着尼达偷偷地和公司的另一位女同事好上了。

尼达在得知一切后非常伤心，质问丈夫为什么不理解自己的苦心，为什么要背叛自己。尼达的丈夫这时也终于忍不住爆发，对尼达说："你一直都在强调是为了我好，可你有没有想过我的感受。我每天都像一个奴隶一样生活，没有自由，没有自主，不管做什么事都要受到你的监视。现在的家庭并不是属于我或是我们的，而完全是属于你的。因此，我没有必要为别人的家庭付出努力。我要自由，我要快乐，所以我每个月都给自己留下一部分钱，因为我要让自己得到放松。至于说那件事，我想你现在应该明白了，我需要的是一份平等的爱情，而不是一种女王与仆人的关系。"

现在，尼达的确是应该反思自己了。她控制了丈夫的一切，剥夺了丈夫所有的自由，使得丈夫对整个家庭失去了责任感。尼达的丈夫认为，自己并不是在为整个家庭工作，而仅仅是在为自己的妻子打工。他不觉得事业和自己有什么关系，因为一切成就都会归妻子所有。因此，他追求的是刺激，是享受，只有那些东西是属于他的。在没有得到应有的尊重的时候，任何一个男人都不会把养家当成己任。

女士们，这就是控制丈夫的危害。它首先夺去了男人自由和自主的权利，继而又伤害到了男人的自尊。于是，丈夫们没有了激情，也没有了责任感。他们会抓住一切机会去放纵自己，

◇ 女士们该学习的夫妻相处原则 ◇

想要让丈夫集中精神，努力工作，同时也对你更加关爱，就要学会运用以下两个原则：

1. 尊重他，给他自主权

男人的自尊心都非常强，而给他们自主权无疑是对他们自尊心的维护。

2. 理解他，遇事与他商量

遇到事情的时候，要学会多与丈夫商量，不要自己独断或者与其争吵。

总之，女士在与丈夫相处的时候，一定不要有控制丈夫的想法，而是应该多尊重他、理解他，这样丈夫才能感受到家庭的温暖，从而更加关爱家庭，工作也无后顾之忧。

使自己免受压迫之苦。本来，这些女士是想通过控制男人的方法使他们不受外界的打扰，然而结果却适得其反。

事实上，女士们如果懂得放弃控制丈夫的想法，并且对他的思想表示出充分尊重的话，那么就会使他感受到自己对整个家庭的影响力。你在向丈夫传递一种信息，那就是你十分信任他的工作能力和自制力，这种信任会给你的丈夫增添无穷无尽的力量，而且也会让他觉得自己在家庭中扮演着一个十分重要的角色，整个家庭都要靠他来维持。于是，他会集中精神，努力工作，同时也会对你更加关爱。

别做婚姻的文盲

美国婚姻关系研究专家迪尔科·波多勒曾经说："在美国，每年都有很多对青年男女开始他们的婚姻生活，同时又有很多对夫妻结束他们的婚姻生活。很多人，特别是女性，对他们婚后的生活非常不满意，认为婚姻后的生活质量远远没有达到他们预期的目标。事实上，并非所有的婚姻问题都是在婚后才产生的，有很多是在婚前就已经有了。很多年轻人在对婚姻没有正确认识的情况下就草草地选择了结婚，从而为以后婚姻问题的出现埋下了定时炸弹。我可以肯定地说，现在大多数美国的青年人，也包括那些已婚的夫妇，至今依然在做婚姻的文盲。"

不知道女士们在看到迪尔科这段话的时候是什么感受？也

许你们并不同意他的看法。你们已经结婚几年、十几年甚至几十年了，但你们的婚姻依然在持续着。虽然偶尔会发生一些摩擦，但那也是不可避免的。的确，女士们和你们的丈夫都在为维持你们的婚姻做着努力，这是你们双方的责任和义务。然而，如果在这里问女士们："你们的婚姻幸福吗？你每天都过得非常快乐吗？"很多女士们并不一定就可以很理直气壮地回答说："是的！"

事实上，很多妻子，特别是那些已经结婚很多年的妻子，对待婚姻往往是一种"勉强"的态度。她们的婚姻没有激情、没有快乐，也没有新鲜感。对于她们来说，婚姻不过是代表着时间的推移，并没有其他任何意义。

导致这一现象产生的根本原因就是女士们对婚姻没有一个正确的、透彻的、清楚的认识。她们或是把婚姻看得过于浪漫，或是把婚姻看得过于理性，这也是为什么迪尔科把她们称为"婚姻的文盲"的原因。我们曾经对这一问题做过细致地研究，发现这类女性往往在对婚姻的认识上存在五大误区：

女性对婚姻认识存在的第一大误区：认为爱情就等同于婚姻

持有这种想法的女士大有人在，家住纽约的阿尼就是一个典型的例子。阿尼在年轻的时候非常喜欢读言情小说，而且每每都被书中的情节吸引。她对爱情和婚姻充满了许多美好的憧憬和向往，非常希望能够过上书中所描写的生活。后来，她认识了达沃尔，一个风趣幽默的年轻人。在相处了两年以后，阿尼决定和达沃尔结婚。这是因为，一方面达沃尔很会讨阿尼欢心，总是会制造出一些阿尼意想不到的浪漫事情，这使阿尼终日都陶醉于爱情的甜蜜之中；另一方面，阿尼一直都对婚姻有着向往，所以她不想错过这次机会。在结婚的前一天晚上，阿尼整夜都没有睡着，因为她已经为自己婚后的生活编织了一个美好的梦。她梦见自己每天都和达沃尔一起缠绵。他们一起吃早餐、午餐、晚餐，还时不时地出去野炊。达沃尔对她非常好，时不时地送她一些小礼物。后来，他们有了孩子，一家人过上了幸福美满的生活……

然而，阿尼这个美好的梦在结婚后很快就被打破了。失去了婚姻的新鲜感以后，达沃尔不再像以前那样对她甜言蜜语，更不会准备什么礼物。此外，为了维持生计，达沃尔每天都做着早出晚归的工作，根本没时间陪她。后来，孩子也出生了，但这并没有让阿尼感到高兴，因为女士们都知道，照顾孩子是一件非常麻烦的事情。于是，阿尼对婚姻失去了信心，甚至开始怀疑自己当初选错了人。如今，阿尼每天都生活在后悔、抱怨和唠叨之中。

是谁制造了这场悲剧？达沃尔？不，是阿尼自己。如果她不是把婚姻想象得非常浪漫，而是对婚后的生活有清醒认识的话，相信现实的婚姻也不会让她有如此巨大的反差感。这种类型的女士把婚姻看成童话，没有考虑到其中的现实成分。因此，一旦婚姻从童话回到现实中，马上就会引起这些女士的不满，继而导致婚姻出现问题。

女性对婚姻认识存在的第二大误区：婚姻不需要浪漫

持有这种观点的女性大多是那些结婚很多年的妻子。她们对婚姻的认识与上一种女士正好相反,是把婚姻看得太过现实。很多结婚多年的妻子都认为，丈夫和自己之间已经没有什么新鲜感可言，更不可能找到任何新鲜感。于是，她们任婚姻枯燥、平淡、乏味地发展下去，也并不想为改变婚姻做点什么。

有人曾经问过一位结婚 15 年的女士，问她如何评价自己现在的婚姻质量。那位女士坦言说："简直糟糕到了极点，每天都重复着前一天的内容，根本没有任何浪漫和激情可言。"别人又问那位女士,是不是愿意为改变这种现状而做点儿什么。那位女士说："不，我没那么打算过！虽然我们的婚姻状况很糟糕，但是其他夫妻也是一样。事实上，这才是真正的婚姻生活，它并不像很多年轻人想象得那样浪漫。其实，早在几年前我就已经对这种状况做好了准备，所以现在也并没有觉得有什么不妥。"

这类女士确实是认识到了婚姻的现实一面，然而却忽略了它浪漫的一面。虽然她们对现在的婚姻没有怨言，但并不代表这就是一段没有问题的婚姻。她们的丈夫也许就和她们有着相反的看法。

其实，要想使婚姻浪漫一点儿并不是什么难事，有很多方法都可以采用。比如，女士们偶尔不妨奢侈一下，和丈夫来一顿烛光晚餐，或是在饭后挽着丈夫的手臂到树林中散步。如果有必要，即使是结婚很多年，妻子也可以尝试着和丈夫撒撒娇。虽然这看起来多少有些肉麻，但的确可以起到调节婚姻的作用。

女性对婚姻认识存在的第三大误区：一切都是他的错

很多女士都曾经抱怨说，她们的丈夫是个木头脑袋，一点儿都不解风情。有的甚至干脆说，她们已经对丈夫没有吸引力了，因为丈夫已经不像以前那样对她们甜言蜜语、关怀备至了，当然更谈不上什么浪漫可言。

但事实却并非如此，很多男人说，并不是他们不想给妻子一段浪漫幸福的婚姻，而是现实的生活不给他们机会。为了维持整个家庭的生活，丈夫们不得不每天早出晚归，而且还要在外面承受巨大的工作压力。这样一来，丈夫们就把大部分精力花费在养家糊口上，因此也就没有心思去考虑什么浪漫与温馨了。

虽然上面那些话听起来好像是借口，但它也的确是现实存在的。女士们，希望你们不要把所有的错误全都推卸给男人，而应该去理解他们、体谅他们。既然他们没有精力制造浪漫，那么你们就应该主动一些。方法很多，或是提醒他们，或是干脆你们自己制造，总之是不能将抱怨和牢骚挂在嘴边。

女性对婚姻认识存在的第四大误区：认为夫妻之间的沟通是多余的

很多女士都有这样的错误认识，那就是夫妻之间的了解和沟通应该是在婚前，婚后的夫妻只是生活而已，不需要沟通。其实，这种想法是大错特错的。事实上，夫妻之间婚后的沟通更加重要。很多事实都告诉我们，夫妻之间缺乏沟通是导致婚姻出现问题的罪魁祸首。

两性心理学专家瓦德尔·希勒克曾经说："很多夫妻都忽视了沟通的作用，把沟通看成是一件多余的事情。他们有自己的理由，认为双方经过从恋爱到结婚很多年的相处，已经非常了解对方了，因此根本不需要进行沟通。然而，经过调查发现，夫妻之间能够做到真正相互了解最少需要 5 年以上的时间，也就是说，在这 5 年时间里，夫妻之间都是在不断地进行摸索。因此，夫妻双方要经常沟通，一定要把彼此内心的真实感受告诉对方，这样才能使婚姻生活幸福美满。"

女性对婚姻认识存在的第五大误区：夫妻之间应该是透明的

这一点也很重要。很多女士都认为，爱情是纯洁的，两个人既然组成了家庭，那就不应该存在任何目的。这种想法不应该说完全的错误，因为真诚是建立美满幸福婚姻的关键。然而，这些女士又忽略了另一点，那就是爱情也是自私的。有时候，善意的谎言对于保持夫妻之间的关系有着至关重要的作用。

虽然这几大误区并不能涵盖婚姻中所出现的所有问题，但却完全可以被称为五门必修课。因此，奉劝那些即将结婚或是已经结婚的女士们，好好看看这 5 点，不要再让自己做婚姻的文盲。